香识

香识

扬之水 著

生活·讀書·新知 三联书店

目次

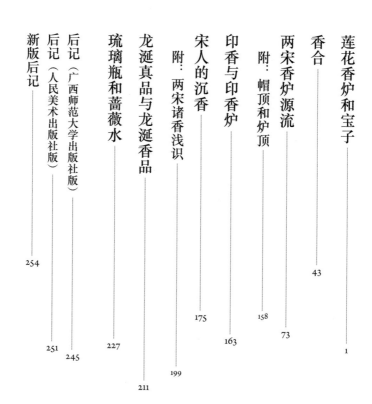

蓮花香爐和寶子

礼神仪式之外，日常生活中的熏香习俗中土很早就有了。熏香所用的香料，早期为禾本科的茅香，时称熏草或蕙草。与熏草配合的熏香器具是炉身很浅的豆式熏炉。西汉中叶，南海乃至远西的龙脑、苏合等树脂类香料传入中土，此类香料芬芳馥郁远过于茅香，因不免渐渐占得上风。它的熏香方式却与茅香有很大不同，即树脂类香料并不像茅香那样可以直接燃烧，而须在下面承以炭火，与它配合的熏香器具自然要随之变化，于是出现了博山炉。两汉博山炉颇有精品存世，如河北满城中山靖王刘胜墓出土的错金铜博山炉〔图一—一〕、鎏银铜博山炉❶，如陕西兴平所出未央宫中物『金黄涂竹节熏卢（炉）』❷〔图一—二〕，可知其制作曾盛极一时。为了下容炭火，博山炉与豆式熏炉相比炉腹要深，炉盖则成耸立的山尖，山峦重叠处是细小的出烟孔，因此有了发烟舒缓之效❸，所谓『掩华终不发，含薰未肯然』❹，正是贴切的形容。梁吴均《行路难》『博山炉中百和香，郁金苏合及都梁』，『玉阶行路生细草，金炉香炭变成灰』❺，博山炉的熏香方式也描绘得清晰，只是这里咏物寄意把它化作了美丽而忧伤的意象。

❶中国社会科学院考古研究所等《满城汉墓发掘报告》，彩版九、彩版二二，文物出版社一九八〇年。今藏河北博物院，本篇用图为参观所摄。❷咸阳地区文管会等《陕西茂陵一号无名冢一号从葬坑的发掘》，图版四：一，《文物》一九八二年第九期。此器今藏陕西历史博物馆，炉座铭文系参观所摄。❸孙机《汉代物质文化资料图说》：焚燃树脂香料的香炉，『炉身要做得深些，以便在下部盛炭火，树脂类香料放在炭火顶上，使之徐徐发烟』。为防止炭火太旺，炉身下部的进气孔常常缩成很窄的隙缝，『甚至往往做成封闭的，同时将炉盖增高，在盖上镂出稀疏的小孔，透过小孔的气流挟带熏炉上层的香烟飘散，而炉腹下部的炭火由于通风不畅，所以只保持着缓慢的阴燃状态，正适合树脂类香料发烟的需要』（页三六〇～三六一，文物出版社一九九一年）。关于早期香料与熏香器具的发展演变，此著述论最得要领。❹南齐刘绘《咏博山香炉诗》，逯钦立《先秦汉魏晋南北朝诗》，中册，页一四六九，中华书局一九八三年。❺《先秦汉魏晋南北朝诗》，中册，页一七二九。

一一一 错金铜博山炉

河北满城中山靖王刘胜墓出土

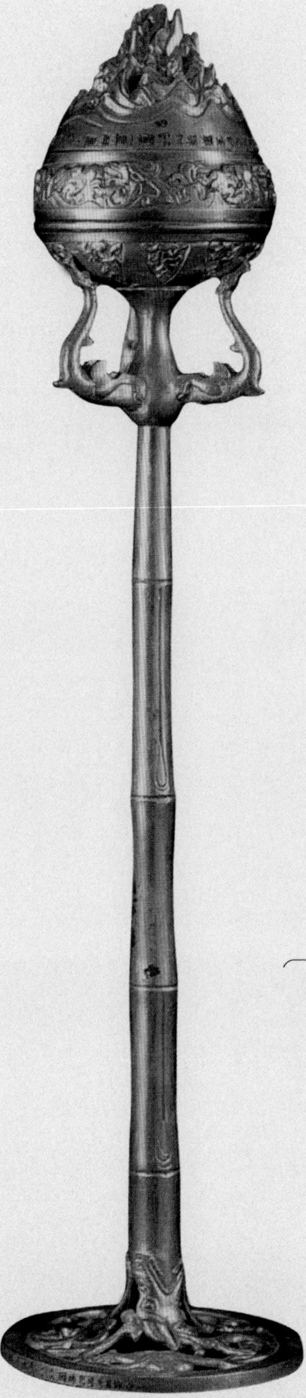

一一二 错金银竹节炉

陕西兴平县出土

炉身

炉座及炉座缘部铭文

南北朝时代，博山渐同佛教中的莲花结合在一起，其时石窟造像中出现了不少刻画精细的图案，如定州博物馆藏北齐白石造像碑座中的博山炉❶（图一—三：一～二）。虽与之呼应的实物并不多见，但隋唐时代的陶瓷制品与它衔接得很紧，因此能够显示出这些石刻艺术本来不乏现实的

一—三：一
北齐白石造像残座
定州博物馆藏

一—三：二
北齐武平二年思惟菩萨像底座（局部）
定州博物馆藏

❶两例均为参观所见并摄影。

依据。比如陕西长安县隋丰宁公主与驸马韦圆照合葬墓出土的绿釉莲瓣蟠龙博山炉，仰莲炉座由一对蛟龙宛转托出，炉盖依然博山旧式，但传统的山峰演变为联珠纹沿边的钿式花瓣，其上则是精细的孔雀翎纹❶〔图一—四：一〕。故宫博物院和日本出光美术馆各藏一件绿釉莲瓣蟠龙博山炉，式样与它几无二致，前件收藏者定其时代为隋❷，后者定为唐❸〔图一—四：二〕。此外如夏威夷火奴鲁鲁美术馆藏唐代白瓷莲瓣博山炉，又日本奈良大和文华馆藏唐代白瓷蟠龙博山炉❹〔图一—四：三〕，花瓣之饰均取象于如意宝珠，构思都很新巧。六朝人咏博山炉，说它『下刻蟠龙势，矫首半衔莲』，『蔽野千种树，出没万重山。上镂秦王子，驾鹤乘紫烟』❺。与

一—四：一
绿釉博山炉
陕西长安县隋丰宁公主墓出土

❶器藏陕西历史博物馆，本篇用图为参观所摄。❷《故宫博物院藏文物珍品大系·晋唐瓷器》，图八一，上海科学技术出版社等二〇〇二年。❸《世界美术大全集·东洋编·四·隋唐》，页二六四，小学馆一九九七年。❹《陶磁大系·三十七·白磁》，图二，平凡社一九七五年；《中国の陶磁·五·白磁》，图六，平凡社一九九八年。后例承博物馆惠允观摩并摄影。❺南齐刘绘《咏博山香炉诗》。

展开图

一一四：二
绿釉博山炉
日本出光美术馆藏

一一四：三
白瓷博山炉
日本奈良大和文华馆藏

诗对应的一个难得实例是百济故都扶余陵山里出土的铜莲花博山炉，时代约当中国初唐❶〔图一—五〕。就隋唐博山炉的设计而言，驾鹤王子出没重山已是前朝旧事，此际不过仍其造型，而别以莲花为意象。唐人说：『钿云蟠蟠牙比鱼，孔雀翅尾蛟龙须。漳宫旧样博山炉，楚娇捧笑开芙蕖。』❷以前面举出的实例与此诗相对看，正可见出二者的同声相应。以雀翎和花钿妆点莲瓣原是新的艺术构思，蛟龙捧炉，却旧样依然。至于此式香炉的设计来源，南北朝佛教艺术中精彩的各式新样或许是其一。敦煌莫高窟北周第四二八窟人字坡西披望板图案❸〔图一—六〕，绘莲叶、莲苞簇拥出来的一枝莲花，花心上面一对尾羽高扬的孔雀，可以说，香炉的样式与它是很相近的。

一—五
铜博山炉
百济故都扶余陵山里出土

❶《世界美术大全集·东洋编·十·高句丽、百济、新罗、高丽》，页一九七。韩国学者全荣来曾就此炉来谈中土博山炉的型式变迁及扶余香炉的造型来源，论述很详细，见《香炉の起源と型式変遷》。❷李商隐《烧香曲》，《全唐诗》，册一六，页六二五二，中华书局一九六〇年。❸刘玉权《敦煌石窟全集·十九·动物画卷》，图五一，商务印书馆（香港）有限公司一九九九年。

一一六
壁画
敦煌莫高窟
北周第四二八窟

唐代另外有一种莲花式香炉则是装饰莲花的炉盖同多足炉的合二为一。炉身的式样，源自两晋南北朝常见的一种多足香炉——或三足或五足，尺寸很小，多带承盘，连盘通高不超过十厘米，如分别出自南昌市砖瓦厂和南京市江宁将军山的南朝青瓷三足炉[1]〔图一一七：一、二〕。江苏丹阳胡桥宝山南朝墓室画像砖[2]、湖北襄阳城西贾家冲出土画像砖[3]中都有手捧此式香炉的仙人，炉里冒着的轻烟也刻画得很清楚〔图一一七：三、四〕。隋唐沿袭此式，而常在炉足上面增加繁复的装饰，比如兽面，比如士，

[1]前例今藏江西省博物馆，后例今藏江宁博物馆，均为参观所见并摄影。[2]今藏南京博物院，本篇用图为参观所摄。[3]徐湖平等《中国画像砖全集·全国其他地区画像砖》，图一四一，四川美术出版社二〇〇六年。

一七：一
青瓷三足炉（南朝）
南昌砖瓦厂出土

一七：二
青瓷莲瓣纹三足炉（南朝）
南京江宁将军山出土

一七：三
画像砖
江苏丹阳胡桥宝山南朝墓室

一七：四
画像砖
湖北襄阳城西贾家冲出土

洛阳李楼下庄出土的初唐三彩五足炉可以为例❶〔图一—八：一〕。同类式样的五足炉、六足炉也见于四川广元皇泽寺与观音岩的唐代石窟❷〔图一—八：二、三〕。此外，为这种样式的香炉加一个覆钵式盖子并在炉盖上面装饰莲花，也成为风气。此在敦煌壁画中极常见，实物的例子也不少。陕西临

❶洛阳博物馆《洛阳唐三彩》，图八五，河南美术出版社一九八五年。❷此为实地考察所见并摄影。

一—八：一
三彩五足炉
洛阳李楼下庄出土

一一八：二
五足炉
四川广元皇泽寺唐代石窟

一一八：三
六足炉
四川广元观音岩唐代石窟

潼庆山寺塔地宫出土一件兽面衔环六足铜炉❶（图一—九：一），炉盖盖顶有一个圆孔，原初当于此处置盖钮。日本白鹤美术馆藏唐兽面衔环五足铜炉，盖顶一个莲苞钮，周围三只凤鸟❷（图一—九：二）。著名的一件银鎏金莲花纹五足香炉出在陕西扶风法门寺地宫（图一—一四、三—一八）。同出又有

兽面衔环六足铜炉炉盖

一—九：一
兽面衔环六足铜炉
临潼庆山寺塔地宫出土

❶口径十三点二厘米，高十三厘米，出土时炉内积满香灰和木炭，地宫年代为开元二十九年（公元七四一年）。浙江省博物馆、西安市临潼区博物馆《佛影湛然：西安临潼唐代造像七宝》（系同名展览图录），页二〇二。器藏临潼博物馆，本篇用图为观展所摄。❷此为参观所见并摄影。

一一九：二
唐兽面衔环五足铜炉
日本白鹤美术馆藏

唐兽面衔环五足铜炉炉盖（局部）

高圈足银香炉一件，出土时，炉盖贴着签封，墨书标其名为『大银香炉』〔图三—二二：二〕。又一件银香炉失盖，炉底錾文有『五十两臣张宗礼进』❶〔图一—一〇〕。三件香炉都把莲花作为装饰纹样，一、二两例炉盖、炉座饰莲纹，盖钮做成莲花苞，出烟孔也凿成莲瓣式的小洞眼。末一例在炉座上面錾刻覆莲纹。在佛教艺术的渗透中，香炉完成了意象与造型风格的转变，各式莲花香炉便是新风之一，并且由于香宝子的出现，而又有了新的创造。

❶陕西省考古研究院等《法门寺考古发掘报告》，彩版六三、六四，文物出版社二〇〇七年。本篇用图为观展所摄。

一—一〇
张宗礼进银鎏金香炉
法门寺地宫出土

炉底铭文

使用茅香的时代，备用的香料多放在竹笥里。长沙马王堆一号西汉墓出土的木楬中有一枚其上墨书『蒽（蕙）一笥』，出土的竹笥也正有一件里面装满条理成束的茅香根茎❶。但捣罗成末的龙脑、苏合诸香，却不宜存放在这一类容器里。湖北鄂城三国墓出土一件双叠式青瓷熏炉，下为双耳鼓腹撇圈足之器，上则一具有器盖、无器底的镂孔瓷笼，其腹间又特别做出一个小圆筒❷（图一一二）。上器出烟，下器容炭火，而附在炉间的小圆筒，便很可能是用来盛放香料。以后，香末又依各种配

一一二 双叠式青瓷熏炉
湖北鄂城三国墓出土

上器

下器

❶湖南省博物馆等《长沙马王堆一号汉墓》，上册，页一一四、一一一，文物出版社一九七三年。❷《中国陶瓷全集·四·三国两晋南北朝》，图三八，上海人民美术出版社二〇〇〇年。今藏湖北省博物馆，本篇用图为参观所摄。

方调制成香丸或香饼，它与香炉配合放置，也有了专门的容器，其时器有专名，名作香宝子，简称香宝或宝子。敦煌文书中记有『铜香宝壹并盖』，『鍮石香宝子贰』❶；《敦煌变文集》卷四《降魔变文》描写舍利弗与劳度叉斗法中的『风树之斗』，云『六师被吹脚距地，香炉宝子逐风飞』❷——都是很明确的例子。这一名称也保存在《宋史》与《金史》的《舆服志》里❸，如《宋史》卷一四九《舆服一》，曰政和三年议礼局更上皇帝车辂之制，其中说到『香匮设香炉，红罗绣宝相花带香囊，香宝』。旧题南宋马和之绘《孝经图》，中有一幅即在辂中案上以中间香炉、两边宝子一字排放，可以为证〔图一—一二〕。此前最清楚的一个实例见于法门寺塔基地宫。前举鎏金莲花纹五足银香炉即出在地宫后室靠中部的位置，香炉两旁则是一对鎏金人物纹银香宝子❹〔图一—一三～一四〕。香炉炉底铭文云『咸通十年文思院造八寸银金花香炉一具并盘及朵带镮子全共重三百八十两』〔图一—一五〕，而立于地宫前室门外的《衣物帐碑》，记有『香炉一副并台盖朵带共重三百八十两，香宝子二枚共重四十五两』❺。可知香宝子一对与此件香炉正是香具一组。此外一个确凿的证据，是地宫中佛指舍利八重宝函中的银鎏金宝函与纯金宝函纹饰也恰好刻画着香炉两边的一对宝子，与地宫出土的实物若合符契❻〔图一—一六〕。

❶伯·二六一三，《咸通十四年敦煌某寺器物帐》，黄永武《敦煌宝藏》，册一二二，页四七〇，新文丰出版公司一九八六年。❷王重民等《敦煌变文集》，页三八八，人民文学出版社一九八四年。❸唐代以后，宝子的名称在日常生活中似乎已经不很常用，北宋黄伯思《东观余论》卷下《跋钱镇州回文后》云，国初钱镇州惟治尝有『宝子垂绶连环』之诗，『题者多云宝子弗知何物，以予考之，乃迦叶之香炉，上有金华，华内乃有金台，即台为宝子，则知宝子乃香炉耳』，『岂汉丁缓被中之制乎』。所谓『多云宝子弗知何物』，乃是当时一般人的认识水平，而黄氏考证所得，亦知其一而不知其二矣。❹《法门寺考古发掘报告》，页三七，图二六。❺《法门寺考古发掘报告》，彩版二〇三。❻《法门寺考古发掘报告》，彩版一〇三至一一五。今藏法门寺博物馆，本篇用图为观展所摄。

一一二
《孝经图》（局部）
台北故宫博物院藏

一一三
法门寺塔地宫后室器物分布图（第一层）
『1』为香炉，『2』『3』为香宝子

一一四
银鎏金香炉和宝子
法门寺塔地宫出土

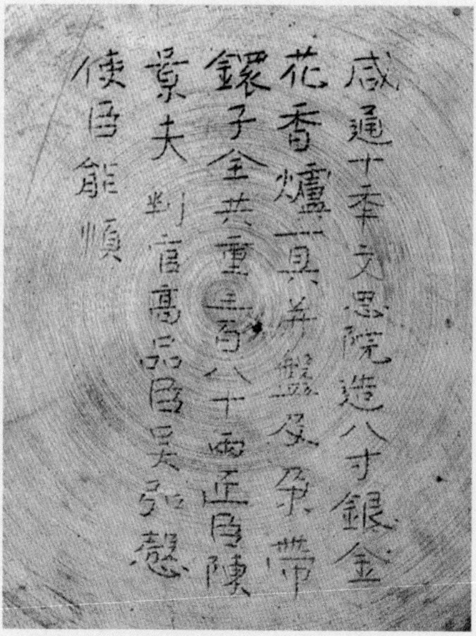

一一五
香炉炉底铭文

一一六
纯金宝函
法门寺地宫出土

宝子与香炉配合放置的情形，大量见于敦煌壁画。香炉和宝子的位置，在壁画里也已经比较固定，即多半置于佛座前面的香案上，中间香炉，两边宝子。宝子的形状不止一种，莫高窟第九窟的一幅白描图中，所绘香炉两旁的宝子，式样与法门寺所出最为相近❶〔图一一七：一〕，此图时属晚唐，也与法门寺出土器物的时代大体相当。又敦煌发现的唐咸通九年《金刚般若波罗蜜经》卷首图，佛前香案上的香炉和宝子〔图一一七：二〕形制也与法门寺所出者相似❷，且二者乃同一时代，正

❶敦煌文物研究所《中国石窟·敦煌莫高窟》，第四卷，图一七八，文物出版社一九八七年。❷《中国美术全集·绘画编·版画》，图二，上海人民美术出版社一九八八年。

一

二

一一七
绘画中的香炉宝子
一 莫高窟第九窟中心柱西向面
二 唐咸通九年《金刚般若波罗蜜经》卷首图

好可以互证。此外尚有一种分置于香炉两侧的宝子，喇叭形高足，半球状的器身和器盖，盖顶中央或为宝珠或为相轮式钮，敦煌壁画中也多见。河北定州静志寺塔基地宫出土唐代铜盒，盖顶一个宝珠钮❶〔图一—一八：一〕。洛阳唐神会和尚身塔塔基出土的铜盒，盖顶为七重相轮❷〔图一—一八：二〕。同类样式的铜盒也发现于江西瑞昌❸，日本正仓院与白鹤美术馆均有与此相类的唐代铜盒❹〔图一—一八：三〕，应该都是用于放

一—一八：一
唐代铜盒（香宝子）
定州静志寺塔基地宫出土

一—一八：二
唐塔式铜盒（香宝子）
洛阳龙门神会墓出土

一—一八：三
铜镀金塔式盒（香宝子）
日本白鹤美术馆藏

❶今藏定州博物馆，本篇用图为参观所摄。❷洛阳市文物工作队《洛阳唐神会和尚身塔塔基清理》，页六五，《文物》一九九二年第三期。神会即号为荷泽大师的南宗七祖。器藏洛阳博物馆，本篇用图为参观所摄。❸张翊华《析江西瑞昌发现的唐代佛具》，页六八，《文物》一九九二年第三期。❹白鹤美术馆藏品为参观所见并摄影。

置香料的宝子。而龟兹石窟壁画中有同此造型的手炉，如克孜尔尕哈第十三窟右甬道外侧壁龟兹王族供养人手中所持的一柄[1]（图一－一八：四），壁画时代约当六至七世纪。如此造型相似的两种香具之间，或许有着某种关联。

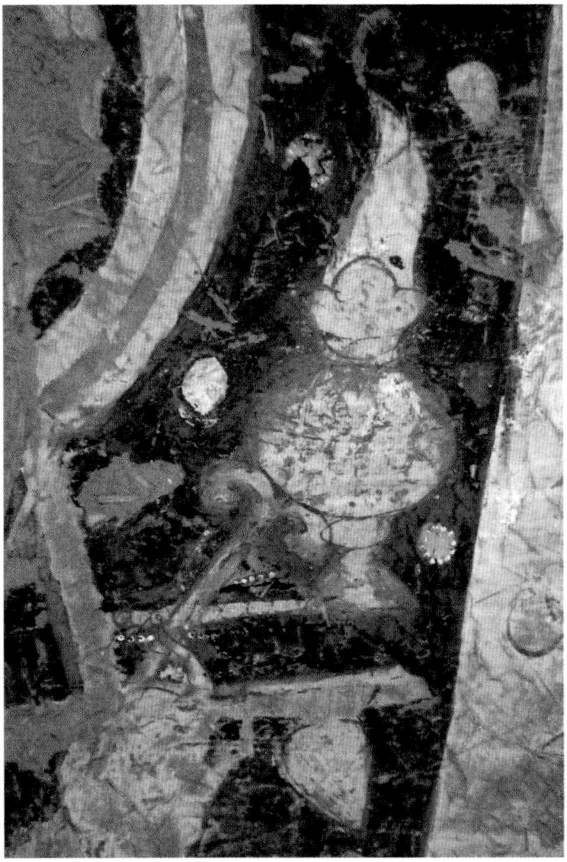

一－一八：四
壁画
克孜尔尕哈第十三窟右甬道外侧壁

[1] 新疆龟兹石窟研究所《克孜尔尕哈石窟内容总录》，图版九，文物出版社二〇〇九年。本篇用图为实地考察所摄。

敦煌莫高窟时属唐代的壁画中，又大量出现一种把宝子与香炉合为一器，且组合为莲蕾与莲花的图像。如莫高窟第二一七窟北壁观无量寿经变（初唐）〔图一一九：一〕，第一〇三窟东壁维摩诘经变（盛唐）〔图一一九：二〕，第三六〇窟北壁药师经变（中唐），第一九六窟南壁金光明经变（晚唐）❶，等等。唐代绘画作品中也不乏同类形象，如法国吉美博物馆藏唐代绢画《刘萨诃与凉州瑞像》中所绘❷〔图一二〇〕。宝子或如鼓腹的细颈瓶，左右对称坐在莲花台，或如待放的花蕾，一左一右擎在香炉之侧，与中央承香炉的莲花都可以成为自然和谐的搭配。此后的辽代作品中，也有与之意趣相同的形象，如山西应县木塔中发现的《炽盛光九曜图》以及同出的辽刻《妙法莲华经》卷中之图，佛前香炉，也是莲花托上香炉与宝子的组合❸〔图一一九：三〕。

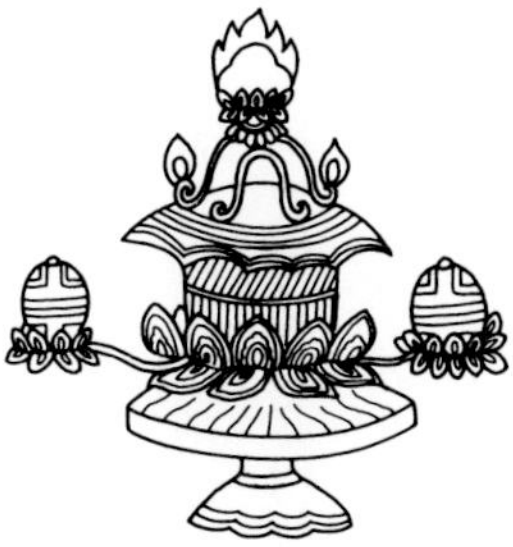

一

二

三

一一九
绘画中的香炉宝子
一 莫高窟第二一七窟北壁
二 莫高窟第一〇三窟东壁
三 辽《炽盛光九曜图》

❶《中国石窟·敦煌莫高窟》，第三卷，图一〇四、一五五；第四卷，图一二三、一八八。❷《西域美术·ギメ美術館ペリオ·コレクション·I》，图二五，讲谈社一九九四年。❸《中国文物精华》（一九九二），图一五三、图一五五，文物出版社一九九二年。

这并不是现实中不可能存在的设想，从图案表现的结构来看，它是符合制作要求的，并且敦煌文书中正有关于此类香炉的记载，《咸通十四年敦煌某寺器物帐》记有『大金渡（镀）铜香炉壹，肆脚上有莲花两枝并香宝子贰及莲花叶』❶。其形容与图像所见适相符合，而明确列于点交器物的清单，自属实有之物。

❶伯·二六一三，《咸通十四年敦煌某寺器物帐》，《敦煌宝藏》，册一二二，页四七〇。

一一二〇
唐《刘萨诃与凉州瑞像》（局部）
法国吉美博物馆藏

如此匠心，实应追溯到此前的北朝造像碑。如保利博物馆收藏一件北魏正始四年法想造弥勒三尊像，其底座背面所刻博山炉，下有高高的两重覆莲座，两重覆莲之间，分别装饰出枝叶，且两边各有一枝飘然上举❶。时代稍后，河南荥阳峡窝乡北周村出土的东魏周元熙造像碑，妆点在博山炉覆莲座上的荷花、荷叶，更为繁丽，值得注意的是，两边又分别擎出一枝如深杯一样的莲蓬❷。接着，在东魏骆子宽造像碑，莲蓬变成杯状器物❸。与此同时，在另一方造像碑中，香炉两旁莲梗托起的，便已经是一对宝子❹。此后的北周也有同样之例，如保利博物馆藏时属北周的释迦造像碑❺〔图一—二二：一～五〕。同类图案并且一直延续到唐代，如今藏法国卢浮宫的一幅唐代彩色麻布画，画面上端绘对凤，下端绘对狮，狮子中间的一座香炉，同样是以艳丽的三朵莲花捧出香炉和两边的一对宝子❻〔图一—二二〕。

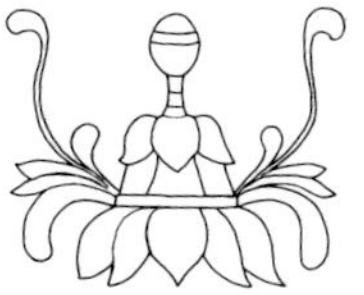
一

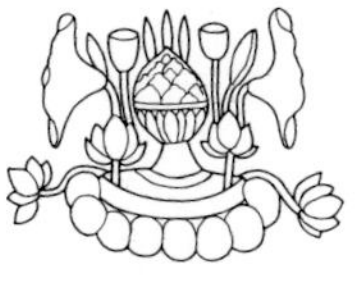
二

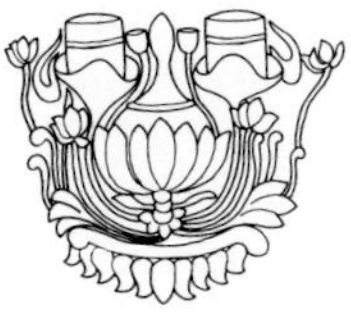
三

四

五

一—二二　造像碑中的莲花香炉
一　北魏正始四年法想造弥勒三尊像
二　东魏周元熙造像碑
三　东魏武定元年骆子宽造像碑
四　东魏武定元年李道赞率邑义五百余人造像碑
五　北周释迦造像碑

❶《保利藏珍——石刻佛教造像精品选》，页三四，岭南美术出版社二〇〇〇年。❷《中国画像石全集·八·石刻线画》，图一〇九。❸金申《中国历代纪年佛像图典》，图一六八，文物出版社一九九四年。❹东魏武定元年李道赞率邑义五百余人造像碑，《书法丛刊》一九九八年第一期，页四四。❺《保利藏珍》，页二一五。❻敦煌文物研究所《敦煌——纪念敦煌藏经洞发现一百周年》，图一三九，朝华出版社二〇〇〇年。又俄罗斯国立艾尔米塔什博物馆藏一件敦煌所出麻布彩绘供养帐，香炉的风格和式样与此大抵相同，炉的两边是两对莲花台上的衔枝凤鸟（《俄罗斯国立艾尔米塔什博物馆藏敦煌艺术品·I》，图九二·三，上海古籍出版社一九九七年）。

一一二 唐代彩色麻布画（局部）

法国卢浮宫藏

就渊源而言，这种构图的意匠是来自印度。如修建于公元前一世纪的巴尔胡特大塔栏楯浮雕，用来表现佛母摩耶夫人诞育太子情景的是二象灌顶图❶〔图一—二三：一〕，圆形画框的下方，一对从宝瓶中攀援而上的莲茎，莲茎上对称生出莲叶、莲蕾和莲花。中央的一大朵花瓣下覆，花心站着手拈莲蕾的佛母。两侧各一枝仰莲，花心的莲蓬上是高举水罐向下灌顶的一对大象。公元前后陆续建成的桑奇大塔塔门浮雕中的诞生图也是大抵相同的图式❷〔图一—二三：二〕。这样的构图很早便传入中土，湖

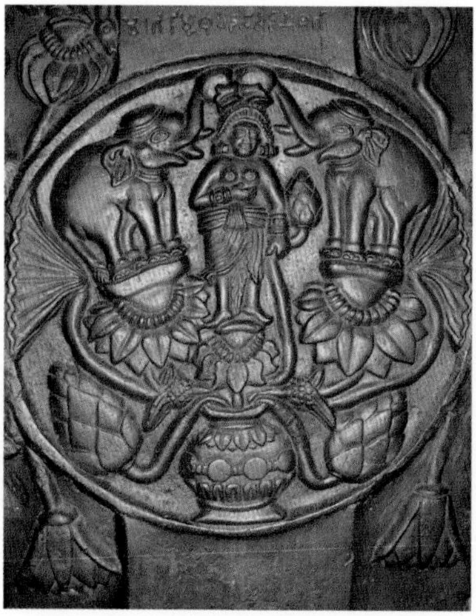

一—二三：一
浮雕
巴尔胡特大塔栏楯

一—二三：二
浮雕
桑奇大塔东门

❶今藏加尔各答博物馆。照片为参观所摄。

❷当日的佛教艺术中尚遵循不出现佛陀形象的原则，因以此来象征释迦牟尼的诞生。照片为实地考察所摄。

北武昌莲溪寺吴永安五年校尉彭卢墓中出土一件马鞯带上的铜饰，铜饰中间一朵莲花，上立菩萨装佛教造像，莲花两边对称装饰一对花蕾❶（图一一二四）。虽构图极简，却已略具其意。发现于四川成都的南朝造像石中，有构思与印度之例完全相同、惟在局部稍作改变的作品，如一件背屏式佛造像，造像石底端的覆莲座上擎出三枝莲花以承三佛，伸展于两侧的莲茎则分出一对小枝，枝上莲花各坐化生童子❷（图一一二五：一）。据其中有纪年者推知，这一批造像石作于六世纪初。定州博物馆藏一件北齐白石造像残座❸（图一一二五：二），图案安排也可见出相近的构思。可知来自印度的影响，及于中土南北，而北朝艺术家将一对宝子与一件香炉配合

一一二四
马鞯带上的铜饰
武昌莲溪寺彭卢墓出土

一一二五：一
南朝佛造像
成都下同仁路出土

一一二五：二
北齐造像残座
定州博物馆藏

❶湖北省文物管理委员会《武昌莲溪寺东吴墓清理简报》，图版七：八，《考古》一九五九年第四期。本篇用图为观展所摄。
❷成都市文物考古工作队等《成都市西安路南朝石刻造像清理简报》，页一四，图一五，《文物》一九九八年第十一期。今藏成都市博物馆，本篇用图为参观所摄。
❸此为参观所见并摄影。

放置的图像嫁接在这一类对称的图形上，一种新型的莲花香炉便诞生了。

与此同时，更有一种用于手持的莲花鹊尾柄香炉活跃于佛教艺术，不仅见于图像，且颇有实物存世。

鹊尾柄香炉的远源在异域❶。南北朝时它多见于中原地区的石窟寺及北朝造像碑，最早的一例目前所知见于甘肃永靖炳灵寺石窟第一六九窟十六国时期的西秦壁画❷（图一—二六）。南朝作品中也偶见此器，如江苏丹阳胡桥宝山吴家村南朝墓出土的一方羽人戏龙画像砖，羽人手中所持即鹊尾柄香炉❸（图一—二七），当然这是属于道教艺术中借用的一例。

❶林梅村等《鹊尾炉源流考》，《文物》二〇一七年第十期。❷甘肃省文物工作队等《中国石窟·永靖炳灵寺》，图三八，文物出版社一九八九年。本篇用图为实地考察所摄。❸今藏南京博物院，本篇用图为参观所摄。

一—二六
西秦壁画
甘肃永靖炳灵寺石窟第一六九窟

一—二七
砖画
江苏丹阳南朝墓

唐代或名此类香炉为『手炉』❶（图一—二八：一）。为了炉身和炉柄的平衡且宜于放置，鹊尾式柄又或向下弯折，而在与炉座平行的弯折处加一个狮子镇，如前举出土铜香宝子的神会和尚身塔，同出即有狮子镇柄铜香炉❷（图一—二八：二）。今藏白鹤美术馆的一件，炉盘口沿处又坐了一个小狮子为捉手以便盘的提挈❸（图一—二八：三）。此式香炉的极品，当推日本正仓院南仓所藏紫檀金钿狮子镇柄香炉（图一—二九）。它以金钿工艺妆点出炉身的美轮美奂，炉柄末端衔环狮子为镇之外，炉盘用作提钮的小狮子做成转首回望的样子，狮子回首处，是顶着莲蓬的一对莲花❹。

手柄添饰莲花的香炉，通常是把莲花做成盛放香料的宝子。这一类香炉，佛典中原有形容，道诫《释氏要览》卷中『手炉』条引《法苑珠林》曰：『天人黄琼说迦叶佛香炉，略云：前有十六师子、白象，于二

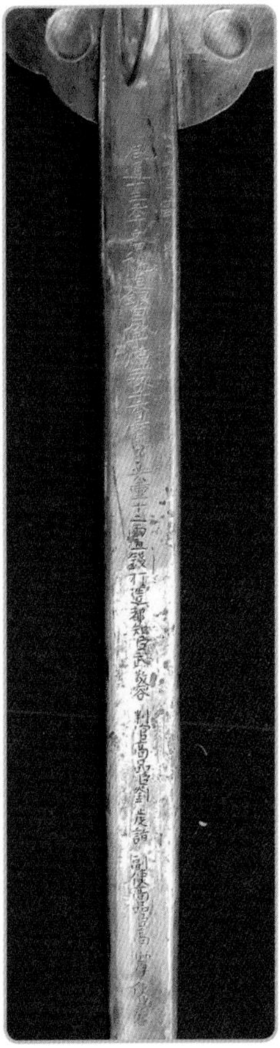

『咸通十三年文思院造银白成手炉』铭文

❶如陕西扶风法门寺地宫出土一柄素面银炉，柄下铭文有云『咸通十三年文思院造银白成手炉一枚……』。今藏法门寺博物馆，本篇用图为观展所摄。❷今藏洛阳博物馆，本篇用图为参观所摄。❸本篇用图为参观所摄。❹《正仓院展》第五十九回（二〇〇七年），页六六～六八。

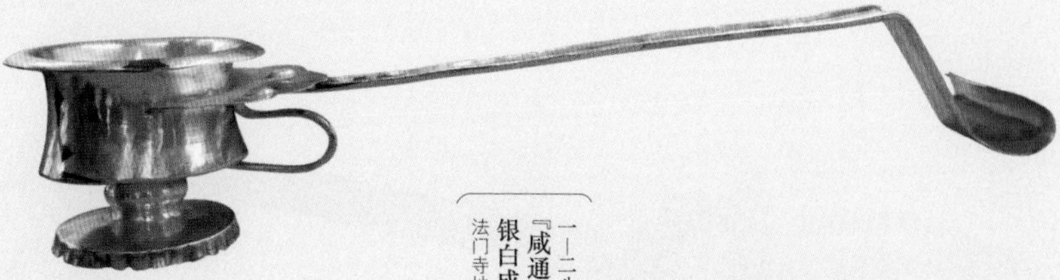

一一二八：一
『咸通十三年文思院造银白成手炉』
法门寺地宫出土

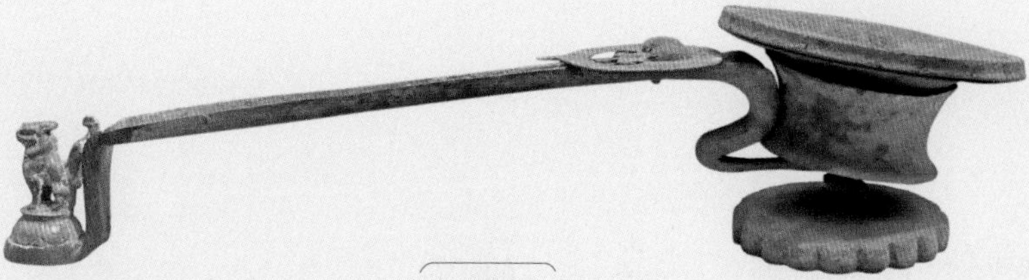

一一二八：二
唐狮子镇柄铜香炉
洛阳龙门神会墓出土

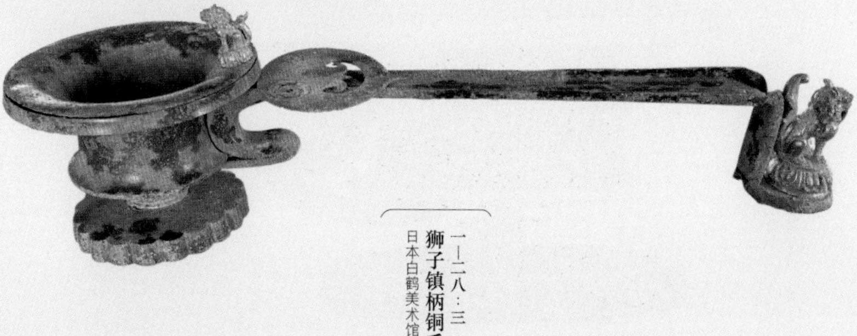

一一二八：三
狮子镇柄铜手炉（唐）
日本白鹤美术馆藏

一一二九
紫檀金钿狮子镇柄香炉
日本奈良正仓院藏

兽头上别起莲华台以为炉，后有师子蹲踞，顶上有九龙绕承金华，华内有金台宝子盛香。佛说法时常执此炉，比观今世手炉之制，小有仿法焉。』❶道诚宋人，所谓『今世』，自是宋代。炉之形诸文字，或不免增饰丽辞，不过基本形制仍可明白，即柄的前端有莲花承炉，柄的后端有狮子为镇，柄上另有花托承宝子。它的图像，现知最早出现于敦煌壁画，时属隋末的莫高窟第三八〇窟北壁降伏火龙图，其中一位菩萨手持鹊尾香炉，炉柄上正有一个鼓腹细颈的香宝子❷〔图一—三〇〕。又四川广元时属初唐的第二十八号大佛窟，窟内一佛二菩萨二弟子，弟子迦叶手中所持也是

❶《大正藏》，第五十四卷，页二七九。
❷敦煌研究所《敦煌石窟全集·三·佛教东传故事画卷》，图十，上海世纪出版集团二〇〇〇年。

一—三〇
壁画（摹本）
敦煌莫高窟第三八〇窟北壁

同样形制的一柄鹊尾炉❶（图一一三一）。此外日本法隆寺藏玉虫厨子，其须弥座彩绘有二僧手持柄香炉的形象，香炉柄上也带着宝子（图一一三二），玉虫厨子为推古女皇时物，时代相当于隋至初唐❷。以上诸例，香炉的炉身为高足杯式，而并没有制成莲花形。并联花苞式宝子的莲花鹊尾炉，见于辽代佛塔雕刻和墓葬壁画，如辽宁朝阳北塔塔身砖雕❸，如赤峰市敖汉旗韩家窝铺辽墓、河北宣化下八里辽墓壁画❹。宣化辽墓壁画中的香炉以俯偃的一片荷叶作底，亭亭秀出的一茎莲花作炉，又有一枝待放的花蕾，三枝结为一束，做成香炉的长柄（图一一三三）。山西朔州崇福寺

一一三一
弟子迦叶像
四川广元
第二十八号大佛窟

❶《中国石窟雕塑全集·八·四川重庆》，图一一、图四二，重庆出版社二〇〇〇年（本篇用图为实地考察所摄）。此外又如时属盛唐的莫高窟第一三〇窟之乐庭瓌行香图，等等。❷《法隆寺の至宝》第十二卷，首页彩版，小学馆一九九三年。❸《朝阳北塔——考古发掘与维修工程报告》，图版九七：二，图版九八：一、二。❹于建设《赤峰金银器》，页一五七，远方出版社二〇〇六年；河北省文物研究所《宣化辽墓——一九七四至一九九三年考古发掘报告》，彩版八一，文物出版社二〇〇一年。按关于此类香炉的考释，孙机《寻常的精致·宣化辽金墓壁画拾零》一文为最早（页七〇，辽宁教育出版社一九九六年）。

弥陀殿东壁中铺金代壁画，也有几乎完全相同的形象，释迦牟尼一旁胁侍菩萨手持的一柄即是一例，香炉当心处尚有一枚焚燃着的香丸❶〔图一—三四〕。它与莫高窟第三八〇窟的鹊尾炉自然是一脉相承，与释典中的描写也大致相合。

❶柴泽俊《朔州崇福寺》，彩版二〇一，文物出版社一九九六年。本篇用图为实地考察所摄。

一—三二
玉虫厨子须弥座彩绘（摹本）
日本法隆寺藏

一—三三
带宝子的莲花鹊尾炉（摹本 局部）
河北宣化下八里辽墓壁画

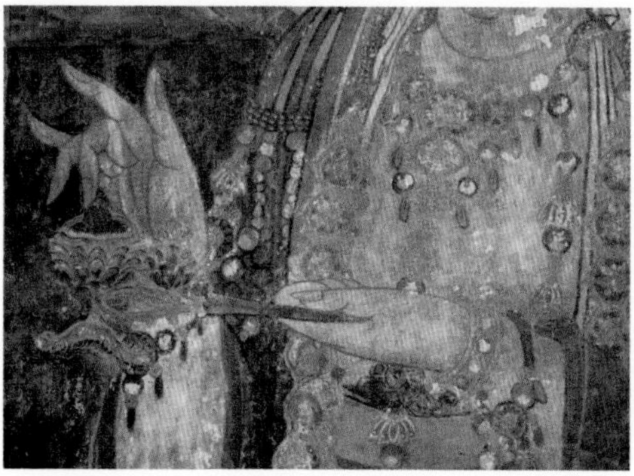

一—三四
金代壁画（局部）
山西朔州崇福寺弥陀殿

并联花苞式宝子的莲花鹊尾炉，或金银，或铜，均有辽宋实物可见。如内蒙古赤峰宁城埋王沟辽墓出土的一柄银香炉，惟香宝子失盖❶（图一—三五：一）；赤峰地区出土一柄铜香炉，花式炉身的造型却是偏于瘦长，并联的香宝子做成花蕾，子母口上有环与盖相连❷（图一—三五：二）。又有河北定州静志寺塔基地宫出土一柄鹊尾铜炉，炉身下为莲花托，长柄上坐着莲花香宝❸（图一—三六）。最为精好的一例，则是南京大报恩寺遗址北宋长干寺真身塔地宫出土的银镀金香炉❹（图一—三七），地宫时代为北宋大中祥符四年（公元一〇一一年）。炉柄的前端结束出『一把莲』，下覆的一枚大荷叶为炉座，一茎莲花弯向中间为炉身，炉身下方挑出一个莲花座，上有坐佛，身后一屏莲花瓣式背光，背光上面錾刻缠枝卷草。莲花炉下花枝旁逸：一对花苞，一个小碗一般的莲蓬，莲子为其表而成莲蓬的盖。炉柄末段把通常的鹊尾做成一枚下覆的小荷叶，更以一个带盖莲蓬为镇。两个相互呼应的莲蓬，便是有着实用功能的香宝子。此外尚有韩国国立中央博物馆藏一件莲花铜炉残件，所存为花枝束起的一段，下连作为托座的一枚荷叶，上擎一茎做成花蕾的香宝子，其端应该是莲花香炉，可惜残断（图一—三八）。炉的年代为高丽太康三年（公元一〇七七年）❺。

❶此器出在埋王沟四号墓，据同墓所出墓志，知墓主葬于辽大康七年。见内蒙古文物考古研究所等《宁城县埋王沟辽代墓地发掘简报》，页六三〇，《内蒙古文物考古文集第二辑》，中国大百科全书出版社一九九七年。今藏内蒙古自治区考古研究所，本篇用图为参观所摄。❷今藏赤峰博物馆，本篇用图为参观所摄。❸今藏定州博物馆，此为参观所见并摄影。❹南京市考古研究所《南京大报恩寺遗址塔基与地宫发掘简报》，页三六及封面图版，《文物》二〇一五年第五期。❺《世界美术大全集·东洋编·十·高句丽、百济、新罗、高丽》，图一四六，小学馆一九九八年。

一—三五：一
并联香宝的莲花鹊尾炉
内蒙古赤峰宁城埋王沟辽墓出土

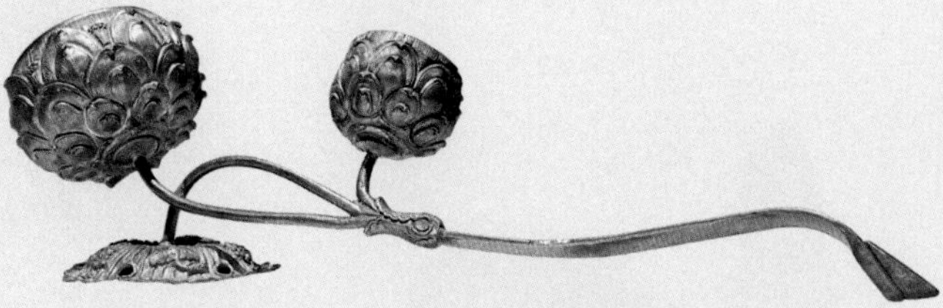

一—三五：二
并联香宝的莲花鹊尾炉
赤峰地区出土

一—三六
并联香宝的莲花鹊尾炉
定州静志寺塔基地宫出土

一一三七
银镀金莲花鹊尾炉
南京北宋大中祥符四年长干寺塔出土

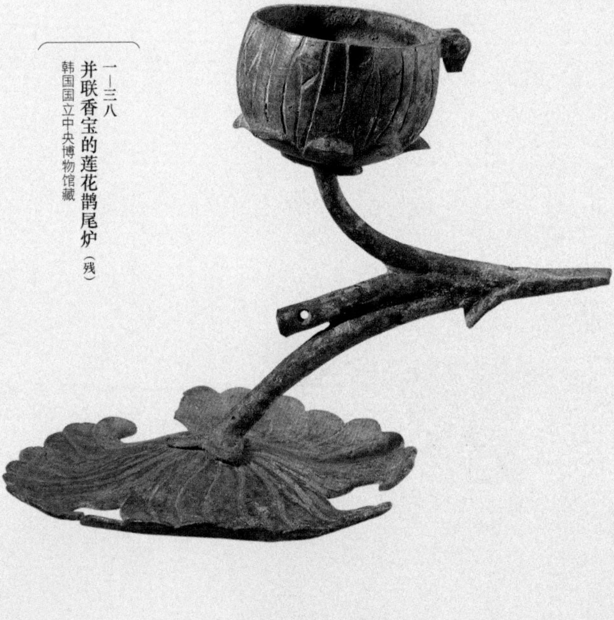

一一三八
并联香宝的莲花鹊尾炉（残）
韩国国立中央博物馆藏

这一形制的香炉在年久失真的图画中有时不易分辨得清楚，实物却将它本来具有的实用与装饰的凑泊巧妙，表现得分外真切。

并联香宝的莲花鹊尾炉有特定的使用场合，即行香礼佛。它因此很早就成为绘画、尤其是佛画中的表现程式，明清时代的作品也还常常沿用这一传统，如成于明天顺四年的山西右玉宝宁寺水陆画中，即有刻画细微的图像，炉中燃着的香饼也表现得清晰❶（图一—三九：一～二）。不过以

一—三九：一
大圣引路王
山西宝宁寺明代水陆画

一—三九：二
大梵天主
山西宝宁寺明代水陆画

❶山西省博物馆《宝宁寺明代水陆画》，图五一、八七，文物出版社一九八八年。

这一时期的焚香习俗而论，此中程式化的成分大约要比写实为多。

如同树脂类香料取代茅香，燃香器具即须随之变化，香料加工方式的变异，也要引起燃香之器的改变。香史中引人注目的一件事是线香的出现。目前可以认定的时间是元代❶，这里只举出时属于元的三条史料。

其一，熊进祥《析津志》『风俗』条，『湛露坊自南而转北，多是雕刻、押字与造象牙匙箸者』，『并诸般线香』；

其一，李存《俟庵集》卷二十九《慰张主簿》，『谨具线香一炷，点心粗菜，为太夫人灵几之献』；

其一，《朴通事谚解》卷下，『不知道那里躧死了一个蛐蜒，我闻了臊气，恶心上来，冷疾发的当不的，拿些水来我漱口，疾忙将笤帚来，绰的干净着，将两根香来烧』。

末一则虽不见『线香』二字，但有前面两例作参照，曰这里所说的『两根香』是线香，应没有太多疑问。

线香的制作，在成书于明隆庆年间的《墨娥小录》中已经提到，更为详细的叙述见于李时珍《本草纲目》卷十四『线香』条：『今人合香之法甚多，惟线香可入疮科用，其料加减不等。大抵多用白芷、芎䓖、独活、甘松、三柰、丁香、藿香、藁本、高良姜、角茴香、连乔、大黄、

❶《全宋诗》收北宋苏洵《香》诗一首，系据清邵仁泓刻《苏老泉先生全集》补入，诗云『捣麝筛檀入范模，润分薇露合鸡苏。一丝吐出青烟细，半炷烧成玉箸粗。道士每占经次第，佳人惟验绣工夫。轩窗几席随宜用，不待高擎鹊尾炉』（北京大学古文献研究所《全宋诗》，册七，页四三七四，北京大学出版社一九九二年）。然而此诗又见明人瞿佑《咏物诗》，题为《线香》（乔光辉《瞿佑全集校注》，浙江古籍出版社二〇一〇年）。以诗风以及诗中所咏情景而论，它似应出自瞿佑。

黄芩、柏木、兜娄香末之类为末，以榆皮面作糊和剂，以唧筒笮成线香，成条如线也。亦或盘成物象字形，用铁铜丝悬爇者，名龙挂香。』制作线香的情景，在蒲呱所绘广州三百六十行的『榨玉香』里可以看到❶〔图一—四〇〕，画作的时代虽已是十八世纪末，但与《本草纲目》中的描绘似乎没有太大区别。

线香出现之后，并没有就此取代传统的沉香、合香，亦即香饼或香丸，沉、降、檀等上品香料依然是宫廷以及贵胄之家的香事之常❷。由故宫博物院所藏清代香料，尚可略窥其盛❸〔图一—四一〕。不过从一个大的范围来看，寻常所用究竟以线香为多，大众化的佛事活动更是如此，而专门用作盛放香饼香丸的宝子或香合，此际便不再是必须。然而追索香史故事，作为细节之一的莲花香炉和宝子却不能不令人格外感兴趣，在路途遥远的游历中，它挟着幽香留下一路痕迹，有痕迹处又常常伸展出通往另外方向的小径，向它合掌问讯，我们得知的乃是世间情。

❶黄时鉴等《十九世纪中国市井风情——三百六十行》，页九二，上海古籍出版社一九九九年。❷《国朝宫史》卷十八云：『乾隆十六年辛未十一月二十五日，恭遇皇太后六十大庆，于年例恭进外，每日恭进寿礼九九。』其下详列寿礼名目，如延龄宝炷上沉香一盒，蜜树凝膏中沉香一盒，南山紫气降香一盒，仙木琼枝檀香一盒，又黄英寿篆香饼一盒，朱霞寿篆香饼一盒，蔚蓝寿篆香饼一盒，等等。各种香料，可以算作寿礼中的大宗。❸本篇用图承故宫博物院提供。

一—四〇
榨玉香
蒲呱绘

一—四一
清代香料
故宫博物院藏

香合

香盒，古籍通常写作『香合』。香合的历史不算短，脱离开了薰香史中单薰草香的时代，凡树脂香料及合和众香制成的香饼香丸，均须置放在香合里。北魏时期香合的使用大约已经很普遍。河北邺城北吴庄出土北魏谭副造释迦牟尼像〔图二一一：一〕，背屏刻博山炉两侧像主夫妇拈香供养的情景，谭副左手持香合，右手拈一枚香丸送向博山炉，榜题曰『像主谭副烧香时』❶。龙门石窟弥勒洞北二洞，窟顶有一手香炉一手香合的飞天❷〔图二一一：二〕。供养人从香合中拈取香料，在河南巩县石窟寺的帝后礼佛图中则已成为礼佛的图像特征之一❸〔图二一二〕。

隋唐，出现了与香合并用的另一种置放香料之具，时人称为宝子或香宝子。宝子多半做成高筒罐的样子，底有圈足，顶上有盖，盖有捉手❹〔图二一三〕。香合与宝子在使用上稍有些分别，即香合常常是单独的一具，宝子则多半成对，便是一左一右设在香炉的两边。陕西扶风法门寺地宫里发现的随真身衣物帐香具类中列着『香合一具，香宝子二枚』，即是其证，地宫中佛指舍利八重宝函中的银鎏金宝函与纯金宝函纹饰也正好刻画着香炉两边的一对宝子，与地宫出土的实物对应得分毫不爽❺〔图一一六〕。不过与香合相比，宝子的使用历史短得多，并且几乎不作为寻常日用。宋金时代卤簿的香具类中仍有宝子，而这已可算作它

❶今存邺城考古队，此为观展所见并摄影。❷龙门文物保管所《中国石窟·龙门石窟》，第一卷，图六九，文物出版社一九九一年。❸巩县石窟诸寺的开凿年代，大概在北魏神龟至孝昌年间（五一八至五二八），第一窟则是龙门宾阳洞的继续发展。河南省文物研究所《中国石窟·巩县石窟寺》，页一九二～一九四，文物出版社一九八九年。本篇用图为实地考察所摄。❹今藏法门寺博物馆，本篇用图为观展所摄。❺陕西省考古研究院等《法门寺考古发掘报告》，彩版一一〇、一五八，文物出版社二〇〇七年。

二一一：一
北魏谭副造释迦牟尼像背屏（局部）
河北邺城北吴庄出土

二一二
礼佛图
巩县石窟寺第一窟南壁西侧中层

二一一：二
飞天
龙门石窟弥勒洞北二洞窟顶

的尾声❶〔图一—一二〕。

正如盛放香脂面药讲究者多用金合银合，唐代香合之贵者也以金银制品为多，但香合总要更大一点儿❷〔图二—四：一～二〕。唐诗中说到香似乎依然带着由六朝而来的温柔和绮丽，香合的精致也好像更助遐思。『钿合碧寒龙脑冻』❸，香合与香在李长吉笔底成为枕边春梦里凄美迷离的意象，《春怀引》的题目之下，思绪便可以牵惹得无限辽远。金合盛龙脑，宋代依然，如《武林旧事》卷七曰太上亦即宋高宗赐史浩『冰片脑子一金合』，它正好是『钿合碧寒龙脑冻』洗尽了诗思的实录。

二—三
金花银香宝子
法门寺地宫出土

❶元明清时代卤簿香具中仍有香合，但鲜以『宝子』为称。清《皇朝礼器图式》卷十『皇帝大驾卤簿香合』、卷十二『皇太后仪驾香合』，图式均为香合一具单独陈放于几，或以其时卤簿中香炉多为提炉故也。❷如陕西扶风法门寺地宫出土的两件银香合：其一素面圆合，亦即同出物账碑登录的『香合一具』，通高九点八厘米、直径十八点四厘米；其一素面长方委角合，便是物账碑所云供奉官杨复恭施『银白成香合一具重十五两半』，通高九点七厘米、长十七厘米、宽十二厘米。器藏法门寺博物馆，本篇用图为观展所摄。❸《全唐诗》，册一二，页四四三九。

二一四：一
银香合
法门寺地宫出土

二一四：二
『十五两』银香合
法门寺地宫出土

香合作为贺礼，晚唐以后渐成风气。《宋会要》载太平兴国二年吴越钱俶『进贺纳后银器三千两』，『金香狮子一座并红牙床、金香合、金香毬共五百两』❶，其例也。宋代，皇帝的生日称作『圣节』❷。《宋史》卷一一二《礼十五》『圣节·诸庆节』条：『建隆元年，群臣请以二月十六日为长春节。正月十七日，于大相国寺建道场以祝寿。至日，上寿退，百僚诣寺行香。』建隆元年，乃宋开国之年。圣节则各有名称，如真宗寿诞称承天节，仁宗寿诞称乾元节。圣节的种种繁琐和热闹不必细说，诸王，百官，内职，上寿之以银香合，几成定制，此皆备载于正史❸。欧阳修《归田录》卷二：『三班院所领使臣八千余人，涖事于外，其罢而在院者，常数百人。每岁乾元节醵钱饭僧，进香合，以祝圣寿，谓之「香钱」，判院官常利其余以为餐钱。群牧司领内外坊监使副判官，比他司俸入最优，又岁收粪墼钱颇多，以充公用，故京师谓之语曰「三班吃香，群牧吃粪」』❹。宋初以供奉官和左、右班殿直为三班，群牧司的职掌则是总领内外饲养、放牧、管理、支配国马之政。圣节前的一个月便在各大佛寺建道场，如此，醵钱饭僧，进香合，自然成为一笔数目不小的香钱，三班院长官因此可以吃香也。皇太后生日也有类似的仪节，视天子之礼而或作裁损。《续资治通鉴长编》卷九十九，真宗乾兴元年

❶《宋会要辑稿》，第八册，页七八四三。❷天子生日而名之为某某节，其俗始于唐代玄宗时，事见唐封演《封氏闻见记》卷四『降诞』条，又宋程大昌《程氏续考古编》卷五『诞圣节』条。❸金朝亦同此制，见《大金集礼》卷二十三。❹中华书局校点本《归田录》前句点作『每岁乾元节醵钱饭僧进香，合以祝圣寿，谓之「香钱」』（见该书页二五，一九八一年初版，一九九七年再版），误也。

十一月，『以皇太后生日为长宁节。中书言：「前一月，百官就大相国寺建道场，罢日，赐会于锡庆院，禁刑及屠宰七日。前三日，命妇进香合，至日，诣内庭上寿。三京度僧道，比乾元节三分之一，而罢奏紫衣、师号。」』❶其时天子以下，仕宦之家以及其他，贺寿以香合为赠也成礼节。宋孔平仲有诗题作『通判成郎中生日，人凡送香合，寿星皆不受，独以诗献』❷，此位寿星的『不受』，却是例外了。苏东坡与提刑程正辅书：『有一信箧并书欲附至子由处，辄以上干，然不须专差人，但与寻便附达，或转托洪吉间相识达之。其中乃是子由生日香合等，他是二月二十日生，得此前到为佳也。』❸书作于绍圣二年，东坡谪在惠州。正辅时为本路宪，即提点刑狱，其与苏轼为表兄弟。苏辙乃贬在筠州，地处洪州与吉州之间。兄弟情笃，此际更是相濡以沫，生日香合里该是盛满了『但愿人长久』的祝福和惦念。

作为寿礼的香合固仍多用着金银，不过两宋大量使用的还要说是瓷香合。宋代瓷合品类极多，且用途各异，粉合，油合，花合，药合，若非特书款识，一般难以清楚区别。但与金银制品略同，瓷香合较之掌心大小的粉合与油合之类也总要尺寸稍稍大一些。如河北定州静志寺舍利塔塔基出土数件定窑白瓷合，其中一件直径十点五厘米，合盖微拱，顶

❶下又云：『诏进奉上寿，候真宗丧制毕，余从之。初，辅臣及礼官请一如乾元节例，而太后多所裁损，故中书更为此奏。』❷北京大学古文献研究所《全宋诗》，册一六，页一〇八八二，北京大学出版社一九九五年。❸《苏东坡全集》，下册，页二〇九，中国书店一九八六年。

心两道弦纹，合腹斜斜收下去，下有矮圈足，是宋代瓷合的流行式样之一，合内墨书三位施主姓名，又各施香一两或半两，且署明年月为太平兴国二年五月二十二日❶〔图二—五〕。南京大报恩寺遗址北宋长干寺真身塔地宫出土银香合与镀金银香合一大一小两件。前者通高十点三厘米、盖口径十三点八厘米，盖面錾刻对飞的穿花凤〔图二—六：一〕；后者通高四点七厘米、盖口径五点六厘米，盖面是镀金团花凤——里面都是满盛着乳香❷〔图二—六：二〕。早于实物的图像，可以举出陕西麟游县慈善寺二

❶浙江省博物馆等《心放俗外：定州静志净众佛塔地宫文物》，页二三〇，中国书店二〇一四年。❷南京市考古研究所《南京大报恩寺遗址塔基与地宫发掘简报》，图六四，图五九，《文物》二〇一五年第五期。

二—五
白瓷合
静志寺塔基出土

白瓷合合盖墨书

白瓷合合盖墨书（局部）

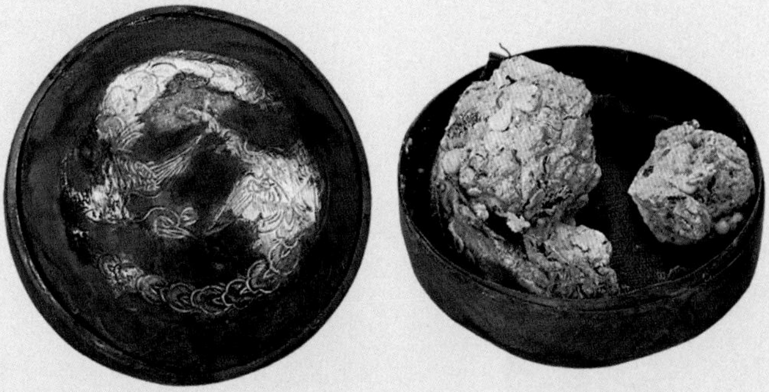

二—六：一
银金花香合与乳香
南京长干寺真身塔地宫出土

二—六：二
银香合与乳香
南京长干寺真身塔地宫出土

号窟雕像佛弟子手中所持香合，它的时代大约不晚于唐高宗永徽四年❶〔图二一七：一〕。又北京房山云居寺唐开元十年李文安造石塔内龛浮雕中，也有手捧香合的供养人❷〔图二一七：二〕。更晚的例子，如日本静嘉堂文库藏南宋《罗汉图》，绘坐在禅椅上的一位罗汉，其下首立着的供养人一

二一七：一
弟子像
慈善寺二号窟

二一七：二
浮雕
唐开元十年
李文安造石塔内龛

❶西北大学考古专业等《慈善寺与麟溪桥》，图版一六、一七，科学出版社二〇〇二年。报告推测窟中的二弟子或是舍利弗和目犍连。本篇用图为实地考察所摄。❷石塔系唐易州新安府折冲都尉李文安为亡妻造。本篇用图为实地考察所摄。

手持一柄莲花鹊尾炉，一手伸向背后捧香合的童子，作拈香供养状❶〔图二一八〕。虽然所绘是罗汉，但表现的内容同当日流行的『番王礼佛』与『蛮王礼佛』等题材原是一致，图中的供养人因此也颇有异域色彩。童子手里的香合，可以明显看出与前面两例的相似，只是其质地若金银之属。

二一八
南宋《罗汉图》（局部）
日本静嘉堂文库藏

❶《海外藏中国历代名画·三·南宋》，图一八六，湖南美术出版社一九九八年。本卷主编释此图云：『图中罗汉端坐于方椅之中，左手抚膝，右手作说法状。前有一浓须侍者，身着红衣和短裙，扭头向身后一贫者作施舍状。贫者半裸，赤脚，臂有长毛，伸手作乞讨状。』误也。

可以确认为香合的，又有太原小井峪宋墓出土的一批瓷合。合虽出自不同的墓葬，但多与香炉同在一处❶，则无异于自标用途。而炉便是当日北方最常见的一种，平展的大宽沿，直壁或约略有曲折的炉膛，炉膛的细腰下，接喇叭形圈足。只是简报不曾详细注明香炉与合的尺寸。两宋绘画中也常见与香炉陈设在一起的各式香合〔图三一七〇〕。日本京都大德寺藏《五百罗汉图》多绘出炉旁的各式香合❷〔图二一九：一～二〕。日本西大寺藏南宋刻释迦牟尼说法图，图中的佛前香案设出香式香炉一，

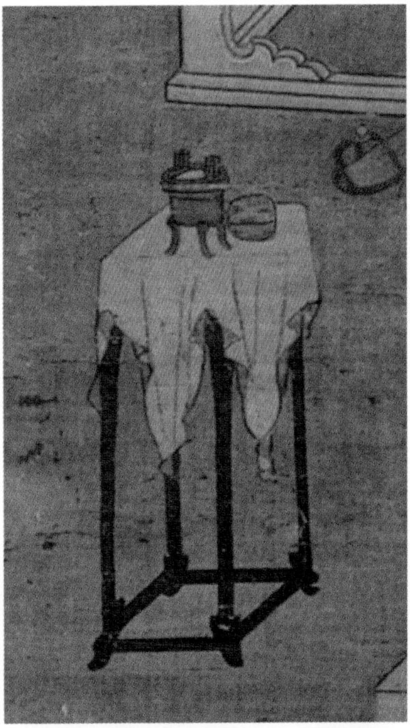

二一九：一
《五百罗汉图》之五十二（局部）
日本京都大德寺藏

二一九：二
《五百罗汉图》之八十二（局部）
日本京都大德寺藏

❶解希恭《太原小井峪宋、明墓第一次发掘记》，图版六：一、二、七、八，《考古》一九六三年第五期。香合与香炉的组合关系，见所绘墓葬平面图，页二五一、二五三。按《发掘记》称香炉为『瓷灯』，实误。❷如图之十八、五十一、五十二、八十二，等等。《聖地寧波——日本仏教一三〇〇年の源流：すべてはここからやって来た》（特別展），页一二二、一三九、一五四，奈良国立博物馆二〇〇九年。

瓜棱式香合一〔图二一一〇〕。此图原印在《妙法莲华经》上，藏在西大寺的菩萨塑像里，塑像造于一二〇八年[1]。日本佐伯文库旧藏宋拓画帖《华严经入法界品善财参问变相经》中的参问普眼长者之幅，长者右手托了一个瓜棱香合，以合香法为喻开示善财童子，身旁的翘头案上也放着打开盖子的瓜棱香合〔图五一一〇〕。瓜棱式是宋代瓷合的流行式样之一，虽然用途并无固定，但盛香似乎是常见的选择。

[1]《海外藏中国历代名画·三·南宋》，图二〇六，湖南美术出版社一九九八年。

二一一〇
南宋刻释迦牟尼说法图（局部）
日本西大寺藏

宋代合香成为风气，别出心裁自创香方也是士人的生活乐趣之一。合香的末一道工序是窨香，即调和众香制为剂，放入瓷合，埋地下半月或一月，然后取出来烧。《陈氏香谱》卷一『窨香』条：『新合香必须窨，贵其燥湿得宜也。每约香多少，贮以不津瓷器，蜡纸封于静室屋中，掘地窨深三五寸，月余逐旋取出，其尤馣馤也。』此即所谓『熟化』，现代香料制作工艺中也还用着大致相同的办法，即把调和好的香料在罐中放置一定时间，令它自然熟化，以使众香浸润融合而香气圆润，即所谓香气『尤馣馤也』。那么宋代香事中自然又是瓷合用到的最多。陕西蓝田北宋吕氏家族墓地五号墓出土耀州窑青釉刻花三重盖合，通高七点五厘米、腹径八点二厘米，合身为圆筒式，子母口。第一重盖形如小碟，惟底心中空；第二重上有捉手的小盖正好落在中空的底心，然后是严丝合缝扣在最上面的第三重盖。如此设计，当是为了密封，用于窨香，便最为合宜[1]（图二一一）。

二一一 青釉刻花三重盖合
陕西蓝田北宋吕氏家族墓地出土

[1] 二〇一〇年初春，承陕西省考古研究院惠允并提供方便，得以观摩此器。本篇用图系此后在北京大学赛克勒博物馆观展所摄。

南宋末，出现了制作极精巧的雕漆香合。雕漆原是漆工艺中的一种，剔红，剔黑，剔犀，皆为其属。器胎用调色后的笼罩漆层层髹涂，累积得足够厚，再用刀在上面细雕花纹，漆色为朱，便是剔红；漆色为黑，则曰剔黑。若剔犀，则朱漆黑漆交错髹涂，累积为色层，然后深雕花纹，露出朱黑相间的纹理。宋代雕漆后人习称宋剔，宋剔香合尤为明人艳称，其时却已经很是少见。故宫博物院藏一件剔红桂花香合，直径八点七厘米，高三厘米，合盖的锦地纹上翩然一树雕工精细的折枝桂花，合底有『墨林秘玩』收藏印❶（图二—一二：一）。墨林，项元汴号。它很可能是陈继儒《妮古录》卷一所云于项氏家中一见的『宋剔红桂花香盒』❷。清姚际恒《好古堂家藏书画记》卷下录『宋剔方香合一，上雕渊明爱菊，红地黑花，工细可爱。元张成剔者三，一为太白观瀑，底漆书「平谷」二字；一为右军观鹅；一为照水梅，底用针画「张成造」三字』。几种图式大约都是元明雕漆流行的表现题材，今颇有元代实物可见。如上海青浦县元任氏墓出土的剔红渊明爱菊香合，口径十二厘米，高三点九厘米，合盖雕出一角竹篱，篱边一株古松，松下策杖野服者陶渊明也，身后捧瓶童子，瓶里满插着怒放的菊花❸（图二—一二：二）。明文震亨《长物志》卷七《器具》『香合』条：『香合以宋剔合色如珊瑚者为上，古有

❶《掌上珍·中国古漆器》，图一六七，湖北美术出版社二〇〇一年。❷朱家溍《元明雕漆概说》，页三，《故宫博物院院刊》一九八三年第二期。❸同出有瓷香炉，见沈令昕等《上海市青浦县元代任氏墓葬记述》，页五四～五五，《文物》一九八二年第七期。本篇用图为观展所摄。

二一二：一
剔红桂花香合
故宫博物院藏

二一二：二
剔红渊明爱菊香合
上海青浦县任氏墓出土

「一剑环，二花草，三人物」之说，又有五色漆胎，刻法深浅，随妆露色，如红花绿叶、黄心黑石者次之。』『色如珊瑚者』，当指剔红，『五色漆胎』云云，剔彩是也。花草，人物，原是雕漆中最常见的装饰题材，所谓『剑环』，颇疑它是指剔犀所用着的如意云，其与剑环之形正是相去不远❶。

宋剔香合以它特别的美丽而使实用之外又兼赏玩，此后历经元明清形制无大变，题材则愈趋丰富。日本出光美术馆藏一件明代黑漆螺钿月宫玉兔香合，高二点九厘米，直径七点六厘米，木胎上髹黑漆，其上以青贝嵌出纹样。合盖中央袅袅一座水波中升起来的灵芝台，台上一只捣药的小兔，画面左边一角飘着几朵流云，右边桂花一树婆娑，树下一个男子探出半身，说他是月中吴刚应该不错❷〔图二一一三〕。月兔的造型与定陵出土的一对玉兔捣药耳坠很是相似，它该是用在中秋，焚香拜月，最是切题。

❶可参看《营造法式》卷三十三《彩画作制度图样上》绘出的两种剑环纹。❷《中国の工芸——出光美術館藏品図録》，图三九四，平凡社一九八九年。

二一一三
明螺钿月宫玉兔香合
日本出光美术馆藏

焚香是文人书房中的雅趣，香具自然更是书房清玩。闺阁里，香炉、香合、瓶花，也是不可少的点缀，此在明代版画中最常见，如刊于万历三十年的《仙媛纪事》插图❶〔图二一一四〕。山东曲阜杨家院出土一对金代白釉加彩塑像，其中的女侍手捧一个后世所谓『蔗段式』香合❷〔图二一一五：一〕。香合也还常常捧在『毛女儿』手里❸，带到另一个世界。云南

图二一一四
《仙媛纪事》插图

❶郑振铎《中国版画选》，图一二〇，荣宝斋一九五八年。图版说明云：此为钱唐杨尔曾所辑，插图极工，徽人黄玉林镌刻，原书刊于万历三十年。❷鲁文生《山东省博物馆藏珍·瓷器卷》，图一八，山东文化音像出版社二〇〇四年。图版说明称之为『双手捧粉盒』。按粉合一般来说尺寸较小，似不作双手捧持。若奉妆具为侍，通常所捧为奁合，而非粉合。本书照片为博物馆参观所摄。❸毛女本出刘向《列女传》，原是秦始皇宫人，后或用来泛指仙姑。《金瓶梅》第六十三回说到为李瓶儿办后事，曰『来兴又早冥衣铺里做了四座堆金沥粉侍奉的捧盆巾盥栉毛女儿』。可知明墓中的这一类彩绘俑，时人作此称。

大理三月街中和村明韩政墓出土的彩绘陶塑，头顶梳丫髻手里捧着合的一个，其底座墨书『香盒』二字❶〔图二一一五：二〕。它与版画中的香合风格几乎完全相同，其实这也是香合的传统样式之一❷。

二一一五：一
金代白釉加彩塑像
山东曲阜杨家院出土

二一一五：二
明代彩绘陶塑像
云南大理明韩政墓出土

❶《大理市博物馆藏品精粹》，图一二二，云南人民出版社二〇〇三年。『盒底墨书「香盒」二字』，见该书图版说明。此墓所出捧物俑，其底座均以墨书标明所捧之物。香合作为随葬品，其例颇多，如武昌龙泉山明楚昭王墓出土漆香合，原置于石供桌上，合里装着香料（湖北省文物研究所等《武昌龙泉山明代楚昭王墓发掘简报》，页一三，图一九，《文物》二〇〇三年第二期）。又如北京定陵孝端后棺内出土的一对金香合，素面，通高五点六厘米，口径十六点六厘米，器底均刻铭文一周——『大明万历庚申年银作局制金香盒一个重二十两』（中国社会科学院考古研究所等《定陵》，页一五六，图二五三：一〇，图版一五一，文物出版社一九九〇年）。《明集礼》卷三十七上『明器』条录开平忠武王之葬墓中器玩九十件，中有香合一，香匙一，香箸二，香匙箸瓶一，是此久已成定制。❷这一样式的早期例子，明确可指认为香合者，如北京西便门外发现的一组辽代香具，其中一件龙纹铜合，子母口，高十四点五厘米，口径十九点五厘米，合盖外壁顶部均刻龙纹，合底及合盖上下刻书『入内省香盒』五字（北京市文物工作队《北京西便门外发现铜器》，页一六九，图版十：四，《考古》一九六三年第三期）。

元代出现了线香，不过旧日的香饼香丸依然与它并行，行香持手炉固须捧香者随侍[1]（图二—一六），若陈放，熏燃香饼所必需的香合与香炉、箸瓶以及箸与香匙自以同在一处为便，于是有所谓『炉瓶三事』。中国国家博物馆藏南宋《耕织图》绘出香几上面并陈的香炉与香合，此两样物事之间，又横了一柄香匙（图三—五六：一）。这里若再添加香箸一副，又一个用于插放匙和箸的箸瓶，『炉瓶三事』便已齐全。今藏山西博物院的《祇园大会图卷》所绘一组，或者可以算是它最早出现在绘画作品中『三位一体』的完整形象[2]（图二—一七）。《图卷》作于『至正丙午佛生日』，即一三六六年农历四月初八，出日本释氏发僧之手[3]。

明清时代，作为炉瓶三事之一的香合，材质也更加多样，瓷合，玉合，雕漆合，珐琅合，金镶宝石合，等等。炉瓶三事并且成为室内精巧的陈设小品。故宫所存乾嘉时期的《倦勤斋陈设档》中记述道，倦勤斋的西稍间里设宝座，宝座上铺绣黄缎坐褥，其右设红雕漆梅花式香几，几上『青白玉有盖炉瓶盒一分，炉连高三寸一分，瓶高三寸一分，盒径一寸七分系刿做，炉顶另安青玉座一』[4]。台北故宫博物院藏一套青白玉炉瓶三事，炉高八点九厘米，两立耳，三乳足，炉盖雕镂西番莲，盖顶嵌一个透雕蟠螭的玉钮。箸瓶高十点五厘米，香合高二点七厘米，装

[1] 如山西繁峙县公主寺明代壁画中的行香图。此为实地考察所见并摄影。[2] 本篇用图为参观所摄。[3] 据《图卷》跋语，发僧元末明初寓江浙（张献哲等《元代发僧〈祇园大会图卷〉浅析》，页二六，《文物世界》二〇〇二年第六期）。本篇用图为参观所摄。[4] 李福敏《故宫〈倦勤斋陈设档〉之一》，页一二八，《故宫博物院院刊》二〇〇四年第二期。

二一六
明代壁画
山西繁峙县公主寺

二一七
《祇园大会图卷》（局部）
山西博物院藏

饰风格与炉一致❶（图二一一八：一）。如果为《陈设档》拉近一个特写，那么这正是很合式的一例。

为了室内布置的合宜，炉瓶三事还可以制作得很别致。台北故宫博物院藏一套古铜釉瓷的炉瓶合，原陈设在清宫的多宝格里，为贴近多宝格的后壁，香炉和箸瓶都做成圆其外、平其后的样子，特制的台座亦同此式。子母口的香合内口径只有四点七厘米，外壁底缘凸雕一周莲瓣，莲瓣托起的香合茶叶末釉作底，上边细描金色卷草纹和如意勾云纹。炉瓶合下又各有木座，座下有榫，插接在木台上而成一整体❷（图二一一八：二）。也有炉瓶三事与陈设之香几材质俱同的实例，如故宫藏一套剔红器。其中的匙箸瓶造型仿三代青铜觚，鎏金铜香匙的匙叶做成一朵牡丹花❸（图二一一八：三）。或装饰豪华，或点缀风雅，炉瓶三事在明清小说和绘画中，也常常是作者信手拈来即成风致的一抹俏色。《红楼梦》第四十回写大观园中的宴饮，曰：『这里凤姐儿已带着人摆设整齐，上面左右两张榻，榻上都铺着锦裀蓉簟，每一榻前有两张雕漆几，也有海棠式的，也有梅花式的，也有荷叶式的，也有葵花式的，也有方的，也有圆的，其式不一。一个上面放着炉瓶，一分攒盒；一个上面空设着，预备放人所喜食物。』❹炉瓶三事置身在这样一个具体的情境里，

❶陈擎光《故宫历代香具图录》，图八四，台北故宫博物院一九九四年。❷《故宫历代香具图录》，图八九。❸故宫博物院《故宫漆器图典》，图九八，故宫出版社二〇一二年。❹此据人民文学出版社一九八二年排印本，其底本为庚辰本。文化艺术出版社一九九〇年排印亚东重排本『其式不一』句下作『一个上头放着一分炉瓶，一个攒盒』。此『一分炉瓶，一个攒盒』，更觉描写得妥帖。

二一八：一
青白玉炉瓶三事
台北故宫博物院藏

二一八：二
古铜釉瓷炉瓶三事
台北故宫博物院藏

二一八：三
剔红香几炉瓶三事
故宫博物院藏

自然更见出它的可爱。旅顺博物馆藏清孙温绘《红楼梦》，依文作画，描摹此景，差可助人想象❶（图二一一九）。江宁织造曹玺进奉康熙各类玩好，中有『竹香盒一个，雕漆香盒一个，竹匙箸瓶二副』❷；苏州织造李煦恭进漆器，则有『洋漆桃式香盒』『雕漆梅花瓣小香盒』『填漆小香盒』等等❸。《红楼梦》中的香事自然不是凭空想象。

可爱尚有竹制的香合，它因此也列在曹玺的进物单里。《红楼梦》第二十七回曰探春把宝玉叫到一棵石榴树下说话，说是『这几个月，我又攒下有十来吊钱了，你还拿了去，明儿出门逛去的时候，或是好字画，好轻巧顽意儿，替我带些来』，『怎么象你上回买的那柳枝儿编的小篮子儿，整竹子根抠的香盒儿，胶泥垛的风炉儿，这就好了』❹。台北故宫博物院藏有一对竹雕香合，其一是竹根拼镶起来略呈椭圆的菱花形，周遭开光处和香合盖的顶上都透空雕着西番莲，大小约止一拳❺（图二一二〇）。镂空的做法原是为了透发香气——香合里边多要放着香饼，它与明清时代最为流行的香筒应属一类，而与单单只是存置香饼的香合尚有区别。不过探春所谓『有意思儿又不俗气』的『好轻巧顽意儿』❻，却正是它了。

❶旅顺博物馆《清·孙温绘全本红楼梦》，页二〇，作家出版社二〇一二年。本篇用图为参观所摄。❷故宫博物院明清档案部《关于江宁织造曹家档案史料》，页六，中华书局一九七五年。❸故宫博物院明清档案部《李煦奏折》，页三，中华书局一九七六年。❹文化艺术版此句作『像你上回买的那柳枝儿编的小篮子儿，竹子根儿挖的香盒儿，胶泥垛的风炉子儿，就好了』。❺刘万航《竹材工艺》，页九，（台北）《故宫文物月刊》第三卷第三期（一九八五年）；按据陈擎光《玉版清玩》一文，知其材质为竹根，（台北）《故宫文物月刊》第十一卷第七期（一九九三年）。❻人民文学版作『你拣那朴而不俗、直而不拙者，这些东西，你多多的替我带了来』。文化艺术版作『你拣那有意思儿又不俗气的东西，你多替我带几件来』。

二一九
孙温绘《红楼梦》
第四十回（局部）
旅顺博物馆藏

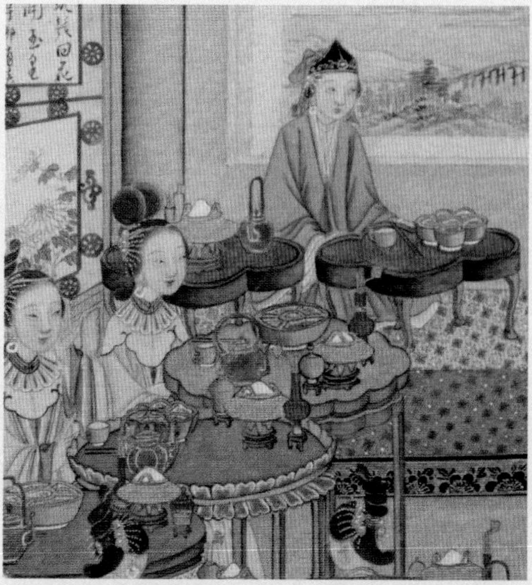

局部一

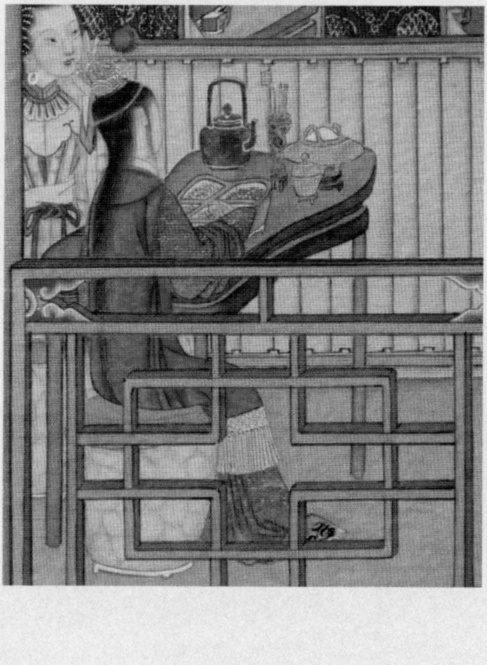

局部二

二二〇
竹雕香合
台北故宫博物院藏

正如中国的名香从来是与香茗结伴，日本茶道也用焚香的办法来清洁茶室，烘托气氛，当然无论茶还是香，在茶道中都早已成为一丝不苟的仪式。如果说中土士人的焚香啜茗是在随心所欲的潇洒中陶冶性情，那么东瀛茶人则是在严格的仪式和规矩里锻炼精神和意志，因此所谓『茶道』，独属日本。

茶道所必须的香合，里面放着香丸或香木片——合香制成的香丸，放在瓷香合里；若香木片，便放在漆香合❶。它原是用于茶道中的添炭仪式，即在这一仪式的尾声中，从香合里拈出一枚香放入炉中，或风炉或地炉，依季节而定❷。当然香合同时也与香炉一起作为茶室里的陈设，即摆放在茶室壁龛中挂轴的下方❸〔图二—二二〕。茶道中所有的用具都是可供赏玩的艺术作品，赏玩过程也一一成为仪式，香合亦然。

雕漆、莳绘之外，尚有一种『交趾瓷形物香合』。形物，象生也。交趾香合的形体多很小，高五厘米左右，直径在三四厘米到七八厘米之间。通常是象生的做法，龟，鸭，鸟，蛙，狮子，牛；牡丹，莲花，竹节，松果，南瓜；等等——都是常常用到的式样，釉色则以青、绿、黄、紫为主❹〔图二—二三：一、二、三〕。如日本传世的一件鸭香合，椭圆形，长径六厘米，高四点六厘米，合身着绿釉，其上装饰一周莲瓣纹，合盖便

❶《茶道美術全集·七·香合》，小田榮作《总说》，页九二，淡交社一九七〇年。❷矢部良明《香合》，页二六八，见《特别展：茶の美術》，東京国立博物館一九八〇年。❸如十九世纪中叶的京都薮内家，林屋辰三郎等《日本の美術·十五·茶の美術》，图版二〇，平凡社一九六五年。❹《特别展：交趾香盒——福建省出土文物与日本的传世品》，图一七、图三三、图三四、图七一，茶道资料馆一九九八年。

二—二
日本薮内家茶室壁龛
（挂轴下方的小桌上是一具狮子香炉，其侧承盘中所置为香合）

一

二

三

四

二—三
日本传世的
交趾瓷形物香合
一大鸭香合
二瓜香合
三笠牛香合
四鸭香合

是伏在这莲瓣上的一只睡鸭，披一身黄羽毛，独独一对翅膀上点着褐釉。素淡，却格外见出清朗，恬静中更拢着一团生意〔图二一－二二：四〕。色彩与造型，使得交趾香合总葆有一种朴而不俗直而不拙的品质。

交趾香合风行于茶道大约始于日本享保年间，即十八世纪上半叶，江户时代末期，茶道界仿照当时盛行的相扑序列制作了一个《形物香合相扑》序列表，用来为香合评定等级，且沿用至今❶。不过交趾香合之『交趾』的含义很有些曲折，对此日本学者已经作过不少探讨，大致可以说，交趾最初用来指日本十七世纪朱印船贸易时期海外航行的目的地越南，而朱印船成为历史之后，中国福州和漳州的商船即开始以『交趾船』的名义往来于越南与日本之间，货易之陶瓷因被称作『交趾陶瓷』，其中的代表性物品，便是交趾香合❷。上世纪九十年代，发现于福建平和县的田坑窑出土了大量素三彩，其中绝大部分是象生香合，造型和工艺与日本茶道中的交趾瓷形物香合均属一致❸〔图二一－二三：一～二〕，窑址年代约当明末清初❹。虽然对出土香合更确切的年代判定尚存在不同意见，但田坑窑是交趾香合的重要产地之一，且香合乃专为出口而生产，已为中日学者近年的研究所证明。这可以算是香合小史中的一支插曲了。

❶《交趾香盒：传世品与出土物》，页一三四～一三五，《特别展：交趾香盒——福建省出土文物与日本的传世品》。❷清水实《关于交趾》，页一四二～一四三，《特别展：交趾香盒——福建省出土文物与日本的传世品》。至于为什么没有中日之间直接的贸易，则尚有一些历史原因，清水氏云：『朱印船贸易时代，中国沿岸的海禁政策有所放宽，经过南海的海外贸易逐渐繁荣起来。但是取缔日本海盗的政策一如既往，对日贸易依然受到严格禁止，所以中国商品的进口只能通过与葡萄牙、荷兰商船的中继贸易，或者在东南亚各国以和中国商船的出合贸易的形式进行。因而日本商船海外航行的目的地集中于东南亚一带，各地也出现了许多日本街，而中国的南海贸易商船多数为福建船。』（页一三九）朱印船，即持有国家政府发行供海外航行使用的朱印状的商船。❸《特别展：交趾香盒——福建省出土文物与日本的传世品》，图一九、图二七。❹《平和田坑窑及出土『素三彩』瓷器的初步研究》，页一四四～一五一，《特别展：交趾香盒——福建省出土文物与日本的传世品》。

一

二

二一二三

素三彩交趾香合

福建平和县田坑窑出土

一 松球香合

二 蟾蜍香合

兩宋香爐源流

燕居焚香，是两宋士人的一种生活方式。『麈尾唾壶俱屏去，尚存余习炷炉香』❶，陆游晚年的生活情景，不是一个殊例。其时『开门七件』之外若再添得一件，那么该是香。放翁《焚香赋》云：

陆子起玉局，牧新定。至郡弥年，困于簿领。意不自得，又适病眚。厌喧哗，事幽屏。却文移，谢造请。闭阁垂帷，自放于宴寂之境。时则有二趾之几，两耳之鼎。爇明窗之宝炷，消昼漏之方永。其始也，灰厚火深，烟虽未形，而香已发闻矣。其少进也，绵绵如皋端之息；其上达也，霭霭如山穴之云。新鼻观之异境，散天葩之奇芬。既卷舒而缥缈，复聚散而轮囷。傍琴书而变灭，留巾袂之氤氲。参佛龛之夜供，异朝衣之晨熏。余方将上疏挂冠，诛茅筑室。从山林之故友，娱耄耋之余日。暴丹荔之衣，庄芳兰之茁。徙秋菊之英，拾古柏之实。纳之玉兔之臼，和以桧华之蜜。掩纸帐而高枕，杜荆扉而简出。方与香而为友，彼世俗其奚恤。洁我壶觞，散我签帙。非独洗京洛之风尘，亦以慰江汉之衰疾也❷。

新定，指严州，唐代此为新定郡。玉局，指淳熙九年陆游的提举成都玉局观❸。十三年，乃有知严州之命。『闭阁垂帷』以下数句，言焚香。两耳之鼎，正是宋代流行的一种仿古样式的小香炉。炉中预置特为

❶《书事》，北京大学古文献研究所《全宋诗》，册四〇，页二五三七四，北京大学出版社一九九八年。陆游的晚年生活，几乎日不离香，在如同日记一样的《剑南诗稿》中，处处可见痕迹。❷《陆游集》，册五，页二四九六，中华书局一九七六年。❸宫观差遣是祠禄官，宋代常用来安置知州资序人以上的政见不同者。祠禄官虽令处闲局，俸禄降一等支，但家居无事，正不妨优游岁月。司马光《送罗郎中登管勾玉局观》『官名为玉局，已与俗尘疏』，可以见意（《全宋诗》，册九，页六一七四）。

焚香而精制的香灰，香炭一饼，烧透入炉，轻拨香灰，浅埋香炭——约及其半。香炭上面置隔火，隔火可以是玉片，也可以是银片，宋人多喜欢用银，习称银叶。之后，方在隔火上面置香。总之是求香之发散舒缓，少烟，多气，香味持久，香韵悠长❶。『绵绵如皋端之息』，『靄靄如山穴之云』，『既卷舒而缥缈，复聚散而轮囷』，皆是也。丹荔之衣，指荔枝壳，以下数句言制作香饼，不过用辞藻装点得秀逸❷。手自调香正是当日的雅趣之一，香饼或香方的互赠以及关于香的品评，也便成为两宋诗文中常见的话题。『方与香而为友，彼世俗其奚恤』，『非独洗京洛之风尘，亦以慰江汉之衰疾也』，追求日常生活中的禅意，是宋代士人焚香的一种境界，即便不如意到了极端，它也还是一个疗救的方式❸。放翁的这一篇《焚香赋》，颇道着两宋香事之要领，可知有香烟处，不必皆是般若，香与香具实已结构为两宋时代充满细节的生活故事。关注宋人的诗与思，便不能不关注宋人的香诗和香事。『胸怀阮步兵，诗句谢宣城。今夕俱参透，焚香听雨声。』❹诗的悟道，或也在绵绵靄靄的香韵中。

❶唐代以来已是如此，李商隐《烧香曲》『兽焰微红隔云母』，『云母』者，隔火也，即把它放在香与炭之间，以使香料受火不至于太猛，而可得徐徐熏燃之效。两宋熏香用隔火，多取金银削作薄片，因常以金叶或银叶为称。如『博山银叶透』（侯寘《菩萨蛮·木犀十咏：熏沉》），『银叶香销暑簟清』（杨冠卿《浣溪沙·次韩户侍》），『换火翻银叶』（吴泳《千秋岁·寿友人》），『缓寻金叶熨香心』（黄时龙《浣溪沙》），等等。又杨万里《双峰定水璘老送木犀香》五首之一，更把银叶用途解释得明白：『山童不解事，着火太酷烈。要输不尽香，急唤薄银叶。』明代依然，只是隔火的质地又有不同。高濂《遵生八笺》卷十五『焚香之要』中的『隔火砂片』条述之甚详。焚香所用炉灰的制作，高子也有说，见同上『炉灰』条。❷此方似乎很得流传，明代依然用着，而名之曰『山林穷四和』，见《戒庵老人漫笔》卷四『山林穷四和』条；又《墨娥小录》『四弃饼子香』，亦同。❸黄庭坚《题自书卷后》：『崇宁三年十一月，余谪处宜州半岁矣。官司谓余不当居关城中，乃以是月甲戌抱被入宿于城南。予所僦舍喧寂斋，虽上雨傍风，无有盖障，市声喧愦，人以为不堪其忧，余以为家本农耕，使不从进士，（注转下页）

一 壹

宋代香炉可以大致分作两种类型，其一封闭式，其一开敞式。前者有盖，后者则否。今一般称封闭式的炉为熏炉，开敞式的炉为香炉。炉盖做成莲花和狻猊，是封闭式香炉中最常见的两种，宋人或称之为『出香』。周密《武林旧事》卷九列有张俊进奉高宗的礼单，中有汝窑『出香一对』，即为此物。安徽宿松县北宋元祐二年墓出土一件绿釉狻猊亦即狮子出香，通高三十二厘米，炉身是覆莲座上捧出的一朵莲花，花心里的莲蓬为炉盖，盖顶一只戏球的坐狮，偏着头，张着口❶（图三—一：一）。浙江省博物馆藏余姚官窑青釉狮子炉与它式样相近而尺寸稍小，通高十九点三厘米，为南宋物❷（图三—一：二）。宋人所谓『返视张口，用以出香』❸，原是出香狮子一个固定的姿态。故宫博物院藏宋人《维摩演教图》、泸州博物馆藏宋墓石刻，都表现了置于香几的狮子熏炉（图三—二：一～二），前者固可属于佛教艺术，后者则是描摹日常。

则田中庐舍如是，又可不堪其忧邪。既设卧榻，焚香而坐，与西邻屠牛之机相直。』此作于宜州贬所，而山谷卒于崇宁四年。

❹陆游《春雨四首》之三，《全宋诗》，册四〇，页二五四三一。

---

❶《安徽省博物馆藏瓷》，图四四，文物出版社二〇〇二年。本篇用图为参观所摄。❷此为观展所见并摄影。❸徐兢《宣和奉使高丽图经》卷三十『兽炉』条。

三一：一
绿釉狮子炉（狻猊出香）
安徽宿松北宋元祐二年墓出土

三一：二
余姚官窑青釉狮子炉
浙江省博物馆藏

三二：一
《维摩演教图》（局部 摹本）
故宫博物院藏

莲花式出香也多有精品，比如四川彭州宋代金银器窖藏中的一件银炉，通高逾半米，下边高高一道弧形圈足，中间宽平沿的托盘，托盘上承覆莲形的炉盖，其周环錾花处趁势做出花叶形的出烟孔，盖顶一个莲花钮，花心耸出柱形蕊，蕊心十四个花形小孔，自然也是为着散发香烟❶〔图三一二〕。

出香一般来说尺寸较大，高矮总在二三十厘米之间，大者或更高，唐代以来已是如此。讲究者用玉，高也在两尺以上，周密《癸辛杂识·续集》下曰韩侂胄嫁女，『奁具中有白玉出香狮子，高二尺五寸，精妙无比』，即此。出香因此多设在厅堂，并且每每成对。陆游《老学庵笔记》卷四曰『故都紫霞殿有二金狻猊，盖香兽也』。南宋宫廷也是如此，杨万里《正月五日以送伴，借官侍宴集英殿，十口号》所谓『金鬣狻猊立玉台，双瞻御座首都回』❷，即是也。金廷亦然。范成大《揽辔录》云金中都宫殿『两楹间各有大出香金师蛮』。南宋周麟之《破虏凯歌二十四首》述使金所见，其一云『七宝为床坐殿衙，金猊双立喷飞霞』，句下自注『其御榻以七宝为饰，夹坐有金狻猊二，高丈余，飞香纷郁』❸，与范《录》所述为一事。狻猊出香也见于两宋时代的高丽。徐兢《宣和奉使高丽图经》卷三十二『陶炉』条云：『狻猊出香，亦翡色也，上有蹲兽，下有

三一二：二
宋墓石刻
泸州博物馆藏

❶成都市文物考古研究所等《四川彭州宋代金银器窖藏》，彩版四七，科学出版社二〇〇三年。今藏彭州博物馆，本篇用图为参观所摄。❷辛更儒《杨万里集笺校》，册三，页一四六〇，中华书局二〇〇七年。❸《全宋诗》，册三八，页二三五六六。

仰莲以承之，诸器惟此物最精绝。』韩国国立中央博物馆藏一件狻猊出香，通高二十一点二厘米，炉口翻出宽折沿，直壁形的炉身，下边三个兽足，炉盖上耸出一尊张口戏球的坐狮❶（图三—四）。釉色碧青，正是所谓的『翡色』，虽然样式与徐氏所见稍有不同。

❶郑良谟《高丽青瓷》，图一〇七（图版说明定其时代为一一二三年），文物出版社二〇〇〇年。

三—三
莲花出香
四川彭州宋代金银器窖藏

三—四
狻猊出香
韩国国立中央博物馆藏

出香的历史可以追溯到很远的战国。湖北随县曾侯乙墓出土一件铜炉，通高四十点八厘米，下边是三个矮蹄足的平底浅盘，上边一个端细底粗的喇叭形罩，罩的口沿两侧一对环钮，同炉盘外侧的环钮正好上下对应。炉罩的近口沿处又探出一个小管，长一厘米，径一点七厘米，与罩内相通。炉盘和炉罩内壁尤其是细长的上端，都残留着褐色的烟灰❶（图三—五：一）。就目前所知，同样形制的实物似乎没有第二件。不过宋赵九成《续考古图》卷三著录的一件『灯槃』却与它大致相类（图三—五：二），那么它也还不好算作孤例。此外形制很有些特殊的一例，是江苏淮阴高庄战国墓出土原始瓷熏炉（图三—五：三）。炉通高四十厘米左右，鼓腹式的炉身错列两周三角形镂孔，炉口两侧耸出高约二十厘米、形若烟囱的两个直筒，筒顶上覆嵌着鸟形钮的铜盖。墓葬时代约当战国中期❷。战国时代一般说来仍以焚燃草香为主❸，然而就这种形制的熏炉来看，它是更适合焚燃树脂香料的。

❶湖北省博物馆《曾侯乙墓》，页二四七～二四八，图版八二：一、二，文物出版社一九八九年。❷淮安市博物馆《淮阴高庄战国墓》，页五一，彩版二八，文物出版社二〇〇九年。按两个直筒的顶端原均有盖，但发掘时不慎损坏其一。❸不过也不乏特殊之例，如长沙楚墓M五六九发现一件豆式陶香炉，炉中尚存未燃尽的香料和炭末（湖南省博物馆等《长沙楚墓》，页一四一，文物出版社二〇〇〇年），与炭同燃的香料，自非草香。

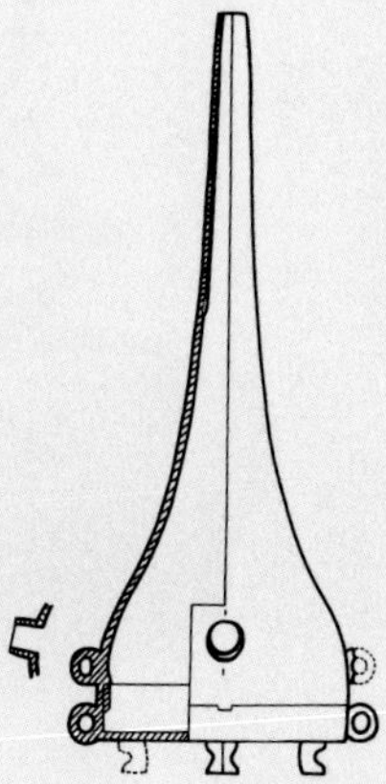

三—五：一
铜炉
曾侯乙墓出土

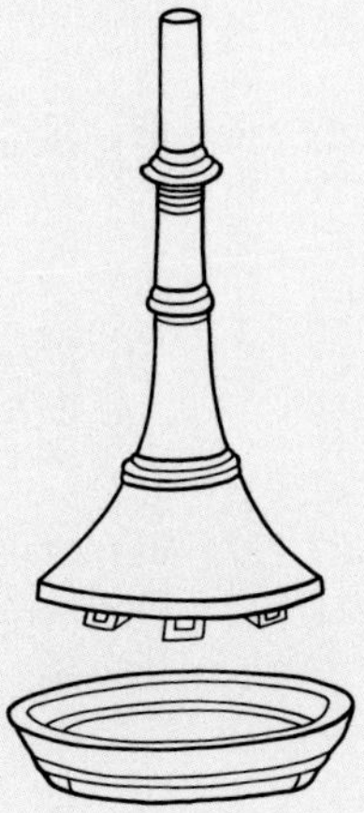

三—五：二
『灯槃』（香炉）
出自《续考古图》

三—五：三
原始瓷熏炉
江苏淮阴高庄战国墓出土

西汉初年流行的一种熏炉样式，可以浙江余姚老虎山一号墓中出土一对原始瓷熏炉为例。其一通高二十四厘米，其一高二十三点二厘米。炉身形若深腹豆，下有高圈足，上置拱形盖，盖面镂着出烟孔，高高耸出的三重盖钮顶端一只立鸟，下边两重各贴饰小鸟，一重三只，一重四只，小鸟之间又各有出烟孔。炉盖装饰三角形的山形纹，炉身则是细密的水波纹❶〔图三一六：一〕。此式熏炉尚有不少实例，多为釉陶器❷〔图三一六：二〕。

三一六：一 西汉原始瓷熏炉
余姚老虎山一号墓出土

三一六：二 西汉青釉陶熏炉
江苏仪征博物馆藏

❶浙江省文物考古研究所《沪杭甬高速公路考古报告》，页七四，图二〇，彩版一四：四，文物出版社二〇〇二年。❷如江苏仪征博物馆藏西汉青釉陶熏炉（此为参观所见并摄影）。

河南焦作嘉禾屯窖藏所出西汉连盘五凤铜熏炉，通高二十厘米，凤身为炉，伸展着的双翼可张可合，原是用穿钉与身相连做成香炉盖，凤口含珠，四只雏凤攀在凤尾、胸前和凤的双翅❶〔图三—七：一〕。另外一种炉顶装饰凤鸟的香炉，炉身略如圆腹鼎，下有三蹄足，上有半圆形的镂孔盖，盖顶举尾展翅的一只立凤，其侧有奉食的仙人，与环盖错落的小凤和仙人相互呼应，如安徽当涂县新桥乡塔桥村出土的两件铜熏炉❷〔图三—七：二、三〕。

三—七：一
连盘五凤铜熏炉
焦作嘉禾屯窖藏

三—七：二
立凤龙首铜熏炉
安徽当涂县新桥乡塔桥村出土

三—七：三
立凤铜熏炉
安徽当涂县新桥乡塔桥村出土

❶孙英民等《河南博物院：精品与陈列》，图三六，大象出版社二〇〇〇年。相似的一件也见于《续考古图》卷三，不过凤口衔铃，凤翅缀铃，凤身所负雏凤则是八只。

❷例一见安徽省文物事业管理局《安徽馆藏珍宝》，图六六，中华书局二〇〇八年；例二为参观所见并摄影。

辟邪式炉的设计用心与五凤铜炉相类。扬州市郊胡场七号西汉墓出土一件辟邪踏蛇铜香炉，通高九点五厘米，腹作炉身，头作炉盖，口作出烟孔，身有双翼，四足踏蛇❶（图三一八：一）。宋吕大临《考古图》卷十著录的『兽炉』其一与此件同制（图三一八：二），为庐江李氏所藏，吕引李氏录云，『此兽炉今为狻猊』。宋人由此大概很容易联想到当日的狻猊出香，这本来不错，只是狻猊香炉的出现应该说是在唐代。

三一八：一
辟邪铜香炉
扬州市郊胡场西汉墓出土

三一八：二
『兽炉』
出自宋吕大临《考古图》

❶徐良玉《扬州馆藏文物精华》，图二六，江苏古籍出版社二〇〇一年。本篇用图为参观所摄。

西安西郊三印厂十二号唐墓出土一件汉白玉香炉，通高十二点八厘米，外方内圆的半球形炉身，四周略作山峰环抱，炉盖上一尊坐狮，出烟孔由狮子腹下直通到口中❶（图三一九：一）。四川邛窑古陶瓷博物馆藏唐褐釉狮子香炉，炉盖结构与它相似，而炉身做成高足杯式，通高二十四点五厘米❷（图三一九：二）。唐代黄堡窑址所出一件半成品的三彩狮子香炉出烟方式也大体相同，炉身则是五足炉式，通高三十七厘米❸（图三一九：三）。又有一对三件合一式滑石香炉，出自河南偃师杏园唐李郁墓，通高二十四厘米，炉盖炉身与西郊三印厂唐墓所出无别，不过中间增加一

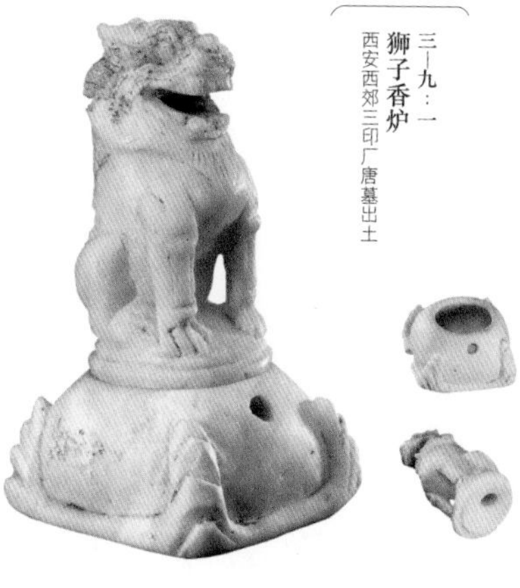

三一九：一
狮子香炉
西安西郊三印厂唐墓出土

三一九：二
狮子香炉
邛窑古陶瓷博物馆藏

三一九：三
唐代狮子香炉
唐代黄堡窑址出土

❶刘云辉《北周隋唐京畿玉器》，页二七，重庆出版社二〇〇〇年。❷耿宝昌等《邛窑古陶瓷研究》，页二六四，中国科学技术大学出版社二〇〇二年。❸陕西省考古研究所《唐代黄堡窑址》，页四五三，图版一二六，文物出版社一九九二年。

段三龙蟠绕于外的直筒，直筒在龙嘴处镂出小圆孔，炉腹里的香烟便有一部分正好从龙口中出。香炉里尚残留着白色木炭灰。墓葬年代为武宗会昌三年❶（图三—一〇）。福建博物院藏一件有唐天祐四年纪年铭的鎏金铜炉，炉身直壁平底，下边五个兽蹄足，炉口翻出花式大宽折沿，覆钵式炉盖，顶端坐一个张口出烟的狮子，通高四十点一厘米，铭文自称『师子香炉』❷（图三—一一：一）。出自沈阳新民辽滨塔塔宫的铜炉，莲花为身，炉盖有孔与顶端坐狮相通，全器高二十三厘米❸（图三—一一：二）。

以上举出的是属于封闭式香炉的几组实例，造型或相类或不同，流行的时间也不很一致。其中的曾侯乙墓铜炉始终没有成为通行的样式，

三—一〇 狮子香炉
河南偃师杏园唐李郁墓出土

❶中国社会科学院考古研究所《偃师杏园唐墓》，页二六〇，彩版一二：一，科学出版社二〇〇一年。本篇用图为观展所摄。

❷此系第一代闽王王审知长子王延翰舍入保福院。《福建博物院文物珍品》，图一〇五，福建教育出版社二〇〇二年。本篇用图为观展所摄。❸沈阳市文物考古研究所《沈阳新民辽滨塔塔宫清理简报》，页四九，《文物》二〇〇六年第四期。由天宫石碑可知，滨塔的建筑年代为辽乾统十年至天庆四年。器藏沈阳市文物考古研究所，本篇用图为观展所摄。

三—一—：一
唐天祐四年铜鎏金狮子香炉
福建博物院藏

三—一—：二
莲花狮子铜炉
沈阳新民辽滨塔塔宫出土

莲花狮子铜炉炉盖

虽然相似的构思很晚的时候仍偶然一见。余姚老虎山战国—西汉墓的鸟香炉，两汉成为常见之式，且又创造出若干变体，比如炉盖顶端不作群鸟相聚，而是塑出一座两层的小凉亭，湖南衡阳西汉墓、江苏徐州张集汉墓均有其例❶〔图三—一二〕。不过汉代以后这种样式不再盛行。凤炉的流行一直到两晋，南北朝之后即不多见。宋徽宗《宣和宫词》：『凤口金炉镂叶花，高低曲折势交加。新春品制名三杰，四和浓薰不足夸。』❷与诗对应者，当是怀云楼藏北宋武宗元《朝元仙仗图》中元阳童子手里捧着的一件，乃三足承盘上的一个莲花香炉，莲花瓣的尖上装饰垂珠，炉顶立一只飞凤〔图三—一三〕。凤炉的造型本来有它的传统，虽然诗与画各自都有夸张和美化的成分，惟类似的宋代实物，至今未曾发现。辟邪香炉的流行似乎只在汉代，明清以后制作较多的角端香炉或者曾从它的造型中撷得意趣，不过两宋的例子却是难得举出一件。至于狮子香炉，虽然出现的时间最晚，但出现之后便相沿不断，因此流行的时间最为长久。炉的样式本是来自更早的狮子造型，南北朝时已是如此❸〔图三—一四：一～二〕，影响所自还应该说到中亚，比如犍陀罗雕刻❹〔图三—一五：一〕。中土早期的狮子作品尚保持着西来的痕迹，如山东青州出土的东汉石狮❺〔图三—一五：二〕。但在狮子香炉却是艺术造型与实用的结合，即以固有的张

❶前件见罗敦静《衡阳西汉墓出土一件精致的陶薰炉》，页八二，《文物参考资料》一九五七年第十二期；后件今藏徐州博物馆，此为参观所见并摄影。❷《全宋诗》，册二六，页一七〇五八。❸如洛阳东关出土北魏神王石碑座中博山炉两边的一对狮子（《中国画像石全集·八·石刻线画》，图四九，山东美术出版社等二〇〇〇年）；如东魏天平元年程哲造像碑下方供养人两边的一对狮子（今藏山西博物院）；又如金王陈南朝失名陵甬道西壁的狮子砖画（姚迁等《六朝艺术》，图二〇二，文物出版社一九八一年）。本篇用图为参观所摄。❹栗田功《ガンダーラ美術·Ⅱ·佛陀の世界》，图七二三至图七三九，二玄社一九九〇年。❺狮子颈部阴刻隶书『雒阳中东门外刘汉所作师子一双』一行十四字。石狮今藏山东博物馆，此为参观所见并摄影。

三—一二
陶薰炉
徐州张集汉墓出土

三—一三
《朝元仙仗图》（局部）
怀云楼藏

三一四：一
东魏天平元年
程哲造像碑（局部）
山西博物院藏

三一四：二
狮子砖画
金王陈南朝失名陵
甬道西壁

三一五：一 犍陀罗石狮
日本私人收藏

三一五：二 石狮及狮背铭文（东汉）
青州出土

口的姿态而教它烟从口出，又把迈步欲进或昂首伏卧的姿势变化为蹲踞，更有了出烟的方便。此在唐代即已发展得成熟，前举安徽宿松元祐二年墓绿釉狻猊出香同它的接续，便是很自然的了。

唐代莲花式香炉是宋代出香的另一条发展线索。关于前者，说见《莲花香炉和宝子》。唐式莲花炉原是装饰莲花的炉盖与多足炉的合二为一。同样类型的炉盖且又变化出几种不同的形式。炉盖上面镂出若干花式出烟孔，是普通的一种，如出土于浙江临安县明堂山唐天复元年水丘氏墓的越窑褐釉五足炉❶〔图三—一六〕，如黑龙江宁安县三陵渤海国墓出土的三彩三足炉❷〔图三—一七：一〕，又日本出光美术馆藏辽代绿釉三足炉❸〔图三—一七：二〕。在覆钵式的炉盖顶端装饰莲花或者狮子，并且使它有出

三—一六 越窑褐釉五足炉

唐天复元年水丘氏墓出土

❶浙江省博物馆《浙江纪年瓷》，图一七三，文物出版社二〇〇〇年。水丘氏，《钱氏家乘》作『水邱氏』，墓志铭作『河南水丘氏』，当以墓志铭为是。❷《中国文物精华》（一九九七年），图一四，文物出版社一九九七年。❸《中国陶磁——出光美術館蔵品図録》，图四一〇，平凡社一九八七年。

三一七：一
三彩三足炉
黑龙江宁安县
渤海国墓出土

三一七：二
辽绿釉三足炉
日本出光美术馆藏

烟之效，则是制作精细的一种，著名的一件鎏金银香炉出在陕西扶风法门寺地宫❶〔图三—一八〕。宋代不仅沿袭此式，而且没有作太多的改变。河北定州静志寺舍利塔塔基出土一件有『太平兴国二年』纪年铭的银鎏金三足炉〔图三—一九〕，即是由前面一种形式变化而来，同地所出另一件定窑白釉五足炉❷〔图三—二〇〕，便是对后者的继承。至于前面所举彭州宋代窖藏中的银莲花出香，则江苏丹徒丁卯桥唐代银器窖藏中的银香炉以及法门寺地宫所出同样形制的一件，是它的先例❸〔图三—二一：一～二〕。另有出自宁波市天封塔地宫的一件南宋錾花银香炉，与彭州所出者式样相近，惟出烟方式有点特别，它在炉盖顶端的莲花钮上做出一个细长的小管，炉里的香烟乃由此而出❹〔图三—二二〕。更早的例子当然可以举出曾侯乙墓所出铜炉，只是二者的间隔竟是如此之远。

三—一八
银鎏金五足朵带香炉
法门寺地宫出土

❶陕西省考古研究院等《法门寺考古发掘报告》，彩版六二，文物出版社二〇〇七年。❷两器今藏定州市博物馆，本篇用图均为参观所摄。❸镇江博物馆《镇江出土金银器》，图三三，文物出版社二〇一二年；《法门寺考古发掘报告》，图六五（本篇用图为观展所摄）。❹今藏宁波博物馆，本篇用图为观展所摄。

三一九
银鎏金三足炉
定州静志寺塔基地宫出土

三二〇
白釉五足香炉
定州静志寺塔基地宫出土

三—二二：一
银金花香炉
镇江市丁卯桥唐代银器窖藏

三—二二：二
高圈足银香炉
法门寺地宫出土

三—二三
錾花银香炉
宁波天封塔地宫出土

宋代以后，出香的名字几乎不再使用，莲花式香炉似也难得一见。元明时代多有直接做成狮子形的香炉，如韩国新安海底中国沉船中的青铜狮子香炉❶〔图三—一三〕。一般认为这批遗物的年代为元代中晚期。

明清时代最常见的香兽是角端。《说文·角部》『𧣾』条曰：『角𧣾，兽也。状似豕，角善为弓，出胡休多国，从角，耑声。』清桂馥《说文解字义证》援引历代之说，对此考证得详明。胡休多国，鲜卑也。角𧣾，后世多写作『角端』，视它为瑞兽。角端的一个最有名的故事见于周密《癸辛杂识·续集上》『西征异闻』条，陶宗仪《南村辍耕录》卷五『角端』条，又熊梦祥《析津志》『物产』条。后者『瑞兽之品』中列角端，云：『太祖皇帝行次东印度骨铁关，侍卫见一兽，鹿形马尾，绿毛而独角，能为人言：汝军亦回早。上怪，问于耶律楚叔。公曰：此兽名角端，日行一万八千里，解四夷语，是恶杀之象。盖上天遣云，以告陛下，愿承天心，宥此数国人命，定陛下无疆之福。即日下令班师。』太祖皇帝即铁木真，亦即成吉思汗，这一传说或者还应该有着它的历史背景❷。作为祥瑞，多了这样的故事自然更令人喜爱。当然角端在很早的时候即已成为艺术品，晋张载《拟四愁诗》『佳人遗我双角端，何以赠之雕玉环』❸，与雕玉环相对，诗中的双角端大约也是佩饰之类。

❶文化公报部、文化财管理局《新安海底遗物·资料篇·I》，图一五一，同和出版公社一九八三年。❷王颋《『角端』与成吉思汗西征班师》于此考证甚详，见《中国历史地理研究·第三辑·中外交通历史地理》，暨南大学出版社二〇〇五年。❸逯钦立《先秦汉魏晋南北朝诗》，页七四二，中华书局一九八三年。

三—一三
青铜狮子香炉
新安海底沉船出水

角端炉元代的时候已经出现，它的盛行则在明清。桂林市出土一件元龙泉窑角端炉，身为炉，首为盖，头顶做出一支独角，高十五点五厘米，是元代不多见的实物❶〔图三—二四：一〕。河北博物院藏明角端铜炉很像是以前举吕大临《考古图》中的『兽炉』为粉本❷〔图三—二四：二〕。朔州崇福寺藏明铜角端炉为雌雄一对，雌者短角，高十八点五厘米，雄者长角，高二十厘米，足底均踏一条盘绕着的长蛇❸〔图三—二四：三〕。台北故宫博物院藏清代描金银铜角端炉，造型与此大致相同❹〔图三—二四：四〕。角端与两宋狻猊出香自然有着承继关系，乃至陈设方式也是相似的，如故宫博物院藏《弘历古装除夕行乐图》所绘香几上面的一对〔图三—二四：五〕。不过它的创作构思似乎更接近于汉代的辟邪熏炉。足踏长蛇的形象不免令人似曾相识，不必说是因为与汉代辟邪炉同一机杼。经过两宋一番特别的繁荣，明清香炉制作的创造性似乎只能表现在复古，虽然在工艺上或别有精湛之处。线香的普遍使用，也使得这一类宜于焚燃香饼或香丸的熏炉，只能是为着风雅而努力保持的古典趣味。

❶韦壮凡等《广西文物珍品》，图二〇〇，广西美术出版社二〇〇二年。❷本篇用图为观展所摄。❸朔州崇福寺文物保管所《朔州崇福寺藏品精选》，页四八，文物出版社二〇〇九年。❹陈擎光《故宫历代香具图录》，图一一八，台北故宫博物院一九九四年。

三—二四：一
龙泉窑角端炉
桂林市出土

三—二四：二
角端铜炉
河北博物院藏

三—二四：三
铜角端香炉
朔州崇福寺藏

三一二四：四
描金银铜角端香炉
台北故宫博物院藏

三一二四：五
《弘历古装除夕行乐图》（局部）
故宫博物院藏

二

宋代与出香同样意趣的又有一种鸭形香炉，它同出香虽可算作一类，但总要小一些，用途也不很相同。芝加哥美术馆藏北宋景德镇窑青白釉香鸭，是此类香炉中的一件精品。香炉通高十八点八厘米，下有如意花头足的承盘，一只小鸭伏卧在双重莲瓣托举起来的莲蓬台上，炉身开有小孔，以便进气，小鸭张着的口则用来徐送香烟❶（图三一二五：一）。河南宝丰清凉寺汝窑址出土北宋末年莲花鸳鸯炉❷（图三一二五：二），

三一二五：一
青白釉香鸭
美国芝加哥美术馆藏

三一二五：二
莲花鸳鸯炉
河南宝丰清凉寺汝窑址出土

❶《中国の陶磁·五·白磁》，图六四，平凡社一九九八年。❷河南省文物考古研究所、保利艺术博物馆《河南新出宋金名窑瓷器特展》，页六二～六三，二〇〇九年。本篇用图为观展所摄。

又重庆中国三峡博物馆藏宋代高丽青瓷鸳鸯炉，造型与香鸭也很相似❶（图三—二五：三）。江西吉水南宋纪年墓出土一件铜香鸭，大小与前举瓷香鸭相仿佛，却是整体做成鸭形，而自鸭身中间水平分作上下两节，下节为子口，口沿并有子榫，用来与母口固定。进气孔开在鸭身的羽毛间，鸭口则同样用来吐气❷（图三—二六）。南宋周端臣《青铜香鸭诗》：『谁把工夫巧铸成，铜青依约绿毛轻。自归骚客文房后，无复王孙金弹惊。沙觜莫追芦苇暖，灰心聊吐蕙兰清。回头却笑江湖伴，多少遭烹为不鸣。』❸吩咐诗笔为香鸭写照，『灰心聊吐蕙兰清』，咏物贴切，末两联也不妨说是近道之言。范成大《西楼秋晚》：『楼前处处长秋苔，俯仰璇杓又欲回。残暑已随梁燕去，小春应为海棠来。客愁天远诗无托，吏案山横睡有媒。晴日满窗凫鹜散，巴童来按鸭炉灰。』❹『客愁天远诗无托，吏案山横睡有媒』，写宦情颇有味。曰『巴童』，则当石湖先生淳熙年间为四川制置使、知成都府时所作。诗虽非专咏鸭炉，但尾联却以香鸭之幽趣而韵长。

同类香炉西汉已经流行，不过造型多为雁，而目前见到的实物已呈现着工艺与造型的十分成熟，那么这里该不是它的源头。山东诸城县西汉木椁墓出土一件铜雁炉，通高十六厘米，雁足嵌在一个平底的浅盘里，雁身是透雕卷云纹的活动炉盖，盖与炉身有子母口可使上下扣合得紧密❺。

❶此为参观所见并摄影。❷陈定荣《江西吉水纪年宋墓出土文物》，页六七，《文物》一九八七年第二期。器藏吉水县博物馆，本篇彩图为观展所摄。❸《全宋诗》，册五三，页三二九六三。❹《全宋诗》，册四一，页二五九一一。❺诸城县博物馆《山东诸城县西汉木椁墓》，图版二：八，《考古》一九八七年第九期。

三一二五：三
高丽青瓷鸳鸯炉
重庆中国三峡博物馆藏

三一二六
铜香鸭
江西吉水南宋墓出土

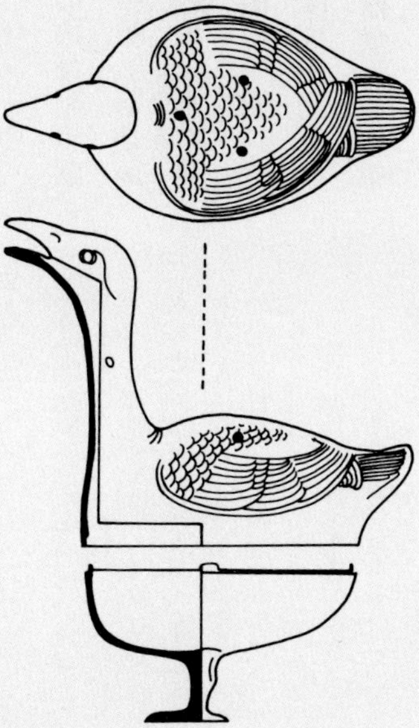

铜香鸭结构图

分别出自山西朔州西汉墓❶、西安雁塔区曲江乡三兆镇、河南南阳市麒麟岗❷（图三一二七：一～三），又陕西榆林神木博物馆的汉代铜雁炉，都是同类式样，铜雁脑后特别刻出几缕羽纹也是共同的做法，而这正是雁与鸭之不同的一个明显特征。原初炉下应该都有承器，或浅盘，或盘深若盆。铜雁炉多出自北方地区，此与先秦以来北方重雁的传统或不无关联。而南北朝以后鸭在生活中变得日益重要，香鸭也便取代雁炉而成为香炉中的重要语汇，且是诗人喜欢用来造境的物象之一。如李贺『深帏金鸭冷，奁镜幽凤尘』；李商隐『舞鸾镜匣收残黛，睡鸭香炉换夕熏』❸。又温庭筠《酒泉子》：『日映纱窗。金鸭小屏山碧。故乡春，烟霭隔，背兰釭。／宿妆惆怅倚高阁。千里云影薄。草初齐，花又落。燕双双。』和凝《何满子》：『写得鱼笺无限。其如花鏁春辉。目断巫山云雨，空教残梦依依。却爱薰香小鸭，羡他长在屏帏。』❹薰香小鸭似乎总是吹送着托起幽梦的一缕轻烟，那么它自是『长在屏帏』。前引范成大《西楼秋晚》，鸭炉中的焚香成灰，事也在梦觉之后。宋刘子翚《春夜二首》之一『叶叶风鸣幕，梢梢雨打窗。烟销寒宝鸭，膏浅侧银缸』❺，亦守夜之鸭熏也。黄庭坚《有惠江南帐中香者戏答六言二首》其一云：『螺甲割昆仑耳，香材屑鹧鸪斑。欲雨鸣鸠日永，下帷睡鸭春闲。』❻螺甲即甲香，唐韩鄂《四时纂要》

❶平朔考古队《山西朔县秦汉墓发掘简报》，图版五：一，《文物》一九八七年第六期。按朔县今改朔州，器藏山西博物院，本篇用图为参观所摄。❷例二今藏陕西历史博物馆，例三今藏南阳市博物馆，两例均为参观所摄。相同的实例尚有不少，如呼和浩特市郊八拜三号汉墓出土的铜雁炉（魏坚《内蒙古中南部汉代墓葬》，彩版十，中国大百科全书出版社一九九八年）。❸《兰香神女庙》，《全唐诗》，册一二，页四四三一；《促漏》，《全唐诗》，册一六，页六一七五。❹《全唐五代词》，页一一〇，页四七二。❺《全宋诗》，册三四，页二一四〇三。❻《全宋诗》，册一七，页一一三四二。

三—二七：一
铜雁炉
朔州西汉墓出土

三—二七：二
铜雁炉
西安雁塔区曲江乡三兆镇出土

三—二七：三
铜雁炉
南阳市麒麟岗出土

春令卷二『收甲香』条曰『取大甲香如昆仑耳者』，即此句所出，而甲香以大者为优，色黑，中间微凹，故说它似耳，昆仑则喻黑❶。鹧鸪斑便是海南沉之优者。江南帐中香出南唐李主，本帝王故事，但『欲雨鸣鸠日永，下帷睡鸭春闲』却把富丽换作了闲适，而成幽人的一枕清梦。

薰香小鸭在唐宋酝酿出来的一脉情思，到了明代益发由清空变得质实，或者说由诗人的造境而切实成为生活中的实景，这多半也是因为风行于当时的戏曲版画为它提供了表现的机会。明刊《李卓吾批评真本西厢记》插图即以崔莺莺的一句唱词作为第二本第一折中的一个表现场景，是所谓『搭伏定鲛绡枕头儿上盹』：左半开画着伏枕而睡的莺莺，门旁一个架格，上边放着书函、画卷，屏风后露出长方桌儿的一角，桌上八卦纹的花瓶里插着大大一束荷花，旁边是莺莺抚的琴，琴与花瓶的中间设一具薰香小鸭〔图三—二八：一〕。明刊《琵琶记》『临桩感叹』中的一幅插图，闺阁里的床帐一侧是站在圆形托座上的香鸭〔图三—二八：二〕。明万历刊本《蓝桥玉杵记》『凭栏忆远』一出中的插图则是方托座上的一具香鸭〔图三—二八：三〕。明代香鸭实物并不鲜见，景德镇市珠山出土的一件三彩香鸭，意匠与前举南宋铜香鸭略无不同，器底有白釉青花书『大

❶如北宋释怀深《偈一百二十首》『铁额昆仑儿，通身黑如漆』，《全宋诗》，册二四，页一六一一八。

一

二

三

三—二八

明代版画中的香鸭

一《李卓吾批评真本西厢记》插图

二《琵琶记》插图

三《蓝桥玉杵记》插图

明成化年制』六字方款❶〔图三一二九：一〕。日本出光美术馆藏明代嵌金银铜香鸭，通高十三点八厘米，鸭背上镂着梅花形的出烟孔，敛起的一对翅膀用金银丝嵌出羽纹❷〔图三一二九：二〕。把这两例与版画中的香鸭合看，画里画外的遇合正好复原出明人生活的一个小景，也可见薰香小鸭的流行和它流行的长久。

宋代香鸭也用作薰衣，如同当时的香毬，秦观《木兰花》『红袖时笼金鸭暖』是也❸。赵九成《续考古图》卷三著录一件『香毬』，曰：『荣询之所收。檠径黍尺六寸，高五寸，炉径四寸。凡熏香先著汤于檠中，

❶江西省文物考古研究所《尘封瑰宝》，页八二，江西美术出版社一九九九年。器藏景德镇市陶瓷考古研究所，本篇用图为观展所摄。❷《中国の工芸——出光美術館蔵品図録》，图四五八。❸《全宋词》，册一，页四六〇。

三一二九：一
三彩鸭香炉
景德镇市珠山出土

三一二九：二
嵌金银铜香鸭
日本出光美术馆藏

使衣有润气，即烧香烟著瓯而不散，故博山之类皆然。』前举芝加哥美术馆藏北宋青白釉香鸭，托座下的承盘盘腹很深，那么用作著汤以生润气正好合式。所谓『润气』，即由热汤而生出来的水雾，香气溶于其中，氤氲缭绕，沾衣不去，自然留香弥久。宋人的辨香识味，也喜欢用同样的方法，『频添绕炉水，还与试香方』，其事也❶。苏颂《本草图经》『甲香』条录香方一款，末云：『凡烧此香，须用大火炉，多著热灰及刚炭，至合翻时，又须换火，猛烧令尽讫，去之，炉傍著火暖水，即香不散。』也是取其留香长久。

『藕丝衫子柳花裙，空着沉香慢火熏』，『袖寒时复罩香匜』❷，是唐宋以来直至后世薰香史中长久保持着生命力的一个细节❸。上海博物馆藏明陈洪绶《斜倚薰笼图》，绘矮榻上斜倚薰笼的一位女子，薰笼下边一具凤形香炉〔图三一—三〇〕。老莲的画作本来颇多装饰性，此中自然也有不少想象的成分，且作者命笔之际也许心里先放着白居易『斜倚薰笼坐到明』的诗句❹，但把它视作是模糊了时代界限而只为薰衣写意，也未尝不可。清陈维崧《雨中花·咏薰笼》『一架红篝凉似水，相偎靠、玲珑莫比。斑竹无尘，疎篁偏瘦，小鸭中间睡』，小鸭，鸭炉也。温软之词语，也正有画意。

❶北宋邓忠臣《未试即事杂书率用『秋日同文馆』为首句三首》，《全宋诗》，册一五，页一〇二〇四。❷前例句出唐元稹《白衣裳二首》之二；后例句出南宋许棐《山花子》。按所谓『匜』，原是三代青铜礼器中的水器，在此应是代指仿古式小香炉。❸不惟女子，须眉亦然。《归田录》卷二：『梅学士询在真宗时已为名臣，至庆历中为翰林侍读以卒。性喜焚香，其在官所，每晨起将视事，必焚香两炉，以公服罩之，撮其袖以出，坐定撒开两袖，郁然满室浓香。』此自殊例，故为欧阳修所特地载录。此外一点则与生活实际相关，即熏衣者，多为富贵者及富足者之流也，高档衣物难拆洗，熏香不失为祛臭一法。明吕德胜《小儿语》有『一斗珍珠，不如升米；织金妆花，再难拆洗』，由倡言节俭之意中，亦可见织金妆花衣物的难以清洁。❹《后宫词》，《全唐诗》，册一三，页四九三〇。

三一三〇
《斜倚薰笼图》
上海博物馆藏

两宋又有一种小炉，时人称作『香毬』，其形制更为小巧。《西京杂记》有所谓『卧褥香炉』，陕西扶风法门寺塔基地宫以及三北村、沙坡村唐墓等地出土的唐代银香毬或曰银金花香囊，是其例。出自法门寺地宫的两枚，其一直径五点八厘米，其一直径十二点八厘米，外壳镂空做成花鸟，扣合后以屈戌锁闭，内心用轴心线相互垂直的内外两层持平环支承一个小香盂，以圆环转轴的彼此制约和香盂本身的重心影响，使香盂随炉展转而总能保持平衡❶（图三—三二：一～二）。此物在同出的《随真身衣物账》中记作『香囊二枚，重十五两三分』。慧琳《一切经音义》卷

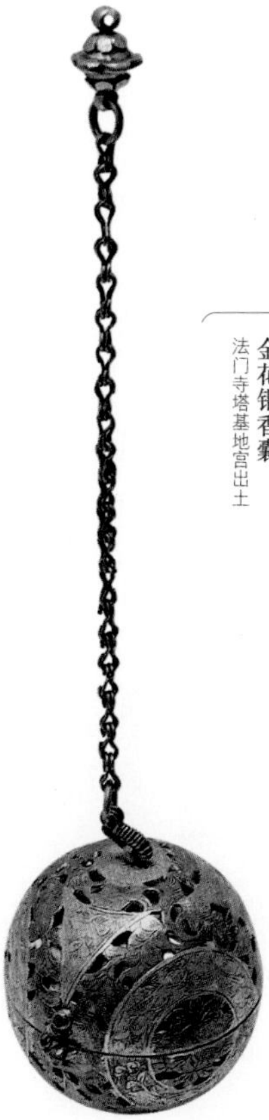

三—三二：一
金花银香囊
法门寺塔基地宫出土

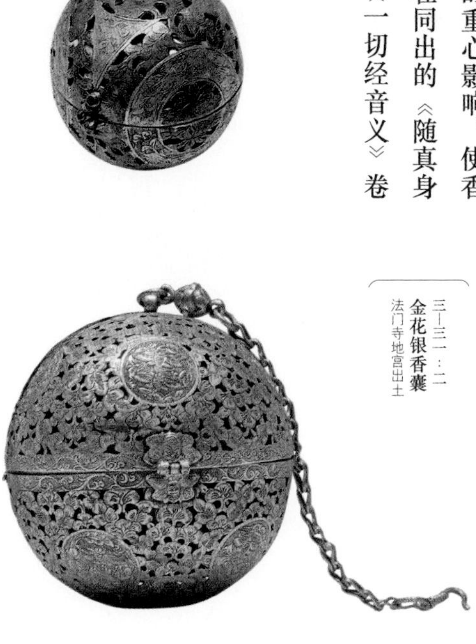

三—三二：二
金花银香囊
法门寺地宫出土

❶《法门寺考古发掘报告》，彩版二〇三。器藏法门寺博物馆，本篇用图为观展所摄。

六：『香囊者，烧香圆器也，巧智机关，转而不倾，令内常平。』又卷七：『香囊者，烧香器物也，以铜铁金银玲珑圆作，内有香囊，机关巧智，虽外纵横圆转而内常平，能使不倾，妃后贵人之所用之也。』元稹有题作《香毬》的一首小诗，所咏正是此物：『顺俗惟团转，居中莫动摇。爱君心不恻，犹讶火长烧。』❶短短二十字，香毬的结构却描写分明；语带双关，又正是咏物诗的本色。香囊之称也见于唐诗，元稹另一首《友封体》句云『雨送浮凉夏簟清，小楼腰褥怕单轻。微风暗度香囊转，胧月斜穿隔子明』❷，又白居易《青毡帐二十韵》『铁檠移灯背，银囊带火悬。深藏晓兰焰，暗贮宿香烟』❸，香囊、银囊，自是一物。据诗意看来，它是悬于卧中。香毬的扣合处有卡轴亦即屈戌作为固定，李商隐诗『锁香金屈戌』❹，最是形容得微细而巧。『锁香』二字熨帖之至，微风暗度、宿香暗贮，与它相比皆不免稍稍失色，何况『锁香』之前诗笔早把锁不住的香气若有若无铺垫得好：『疑穿花逶迤，渐近火温馨。海底翻无水，仙家却有村。』虽然只是『书所见』，但香具之精与体物之心的微至在相逢处却自然合成一种奇异的美丽。

❶《全唐诗》，册一二，页四五五二。❷《全唐诗》，册一二，页四六四一。❸《全唐诗》，册一四，页五一四一。❹李商隐《魏侯第东北楼堂郢叔言别聊用书所见成篇》，《全唐诗》，册一六，页六一九九。

辽宋时代，此类香毬的通行似乎未如唐代，虽然《老学庵笔记》卷一中说，宗室戚里入禁中，妇女袖中每自持两小香毬，南宋史浩咏乐伎云『手束柔荑调雁柱，袖翻纹锦出香毬』❶。又北宋黄裳《谢惠香饼二首》其一云：『清分馥馥南州饼，静对绵绵北海云。欲晓博山来入被，祥烟尤惬梦回闻。』❷这里的『博山』，乃泛指香炉，既可『入被』，则也应是唐式香毬之属。但两宋此类香毬似乎至今鲜见实物。北宋长干寺真身塔地宫出土一件银镀金香毬，通高十二点八、口径十二点六厘米❸〔图三—三二〕，器身镂花可透发香气，上下均设环，而造型并非正圆，且内里未设持平机括，如果原初便是如此，则它只能是『居中莫动摇』，而不得『顺俗惟团转』，既不可怀袖，也不便『入被』。

三—三二
银镀金香囊
北宋长干寺真身塔地宫出土

❶《全宋诗》，册三五，页二二二一四五。
❷《全宋诗》，册一六，页一一〇九四。
❸南京市考古研究所《南京大报恩寺遗址塔基与地宫发掘简报》，页三八，《文物》二〇一五年第五期。今藏南京市博物馆，本篇用图为参观所摄。

宋人又常常用着香毬的名称来指别一种小炉，即炉身做成球形，其下有着三个小矮足，里面却没有唐代香毬那样的机巧，前引《续考古图》卷三所录即其式〔图三—三三〕，前举《武林旧事》所列礼单中的汝窑『香毬一』，亦此。今天能够看到的实物，多为辽宋时期的瓷制品。建于辽末的河北易县净觉寺舍利塔，地宫出土一件球形青白釉炉，通高八厘米，盖作博山形，盖顶中央一个八角形的孔，其余六个长条形镂孔均布在山峦之间，圜底下有高不及一厘米的三个小矮足❶〔图三—三四〕。浙江长兴雉城镇高山岭亭子山宋墓出土的青白釉炉与它造型相似而纹饰不同，即炉身刻画莲瓣，炉盖是镂空的缠枝牡丹，通高九点六厘米，口径十点五厘米❷〔图三—三五：一〕。常州市博物馆藏北宋越窑青釉炉，通高八厘米，半球形的炉盖镂空做成卷草纹，炉身刻画双层莲瓣，下为矮圈足❸〔图三—三五：二〕。浙江黄岩灵石寺塔出土的北宋越窑青瓷炉与此形制相同，惟尺寸大得多：通高十九点五、口径十五厘米，炉身内壁有墨书题记，因知香炉于北宋咸平元年入寺供养❹〔图三—三五：三〕。广东省博物馆藏一件南宋青白釉三足炉，通高十厘米，式与净觉寺舍利塔地宫所出者同❺〔图三—三六〕。陕西蓝田北宋吕氏家族墓地二号墓出土一件北宋景德镇窑青白釉炉，高十三厘米，炉盖镂空透雕细致如金属的网罩，下为莲

❶河北省文物管理处《河北易县净觉寺舍利塔地宫清理记》，页七八，《文物》一九八六年第九期。另一件形制、大小与它大致相当的青白釉香炉，出在敖汉旗白塔子辽墓，炉盖刻画牡丹花，花叶间镂空做成气孔，下为覆莲式足，时代亦属辽末（敖汉旗文化馆《敖汉旗白塔子辽墓》，页一二二，《考古》一九七八年第二期）。❷今藏长兴博物馆，本篇用图为参观所摄。❸《常州文物精华》，图二〇，文物出版社一九九八年。据图版说明，此为征集品（征集于江苏武进许家穴），并定其时代为五代至北宋。不过它与下举灵石寺塔出土北宋越窑青瓷炉形制相同，惟尺寸有大小之别，则此件的年代或与之相当。❹《浙江纪年瓷》，图一九八。器藏台州市黄岩博物馆，本篇用图为观展所摄。❺《广东省博物馆藏陶瓷选》，图七八，文物出版社一九九二年。

三一三三
《续考古图》中的『香毬』

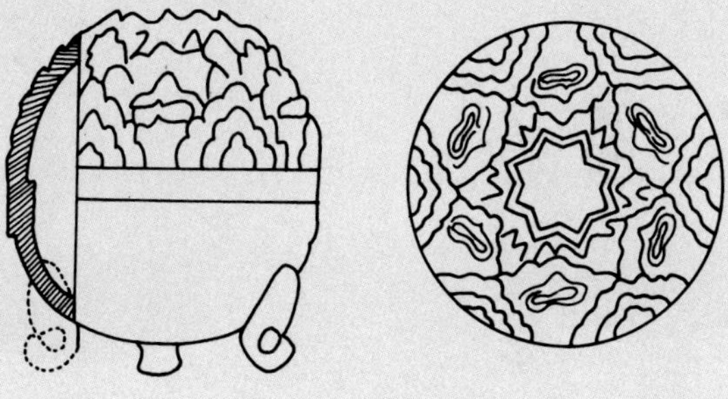

三一三四
青白釉炉
净觉寺舍利塔地宫出土

三—三五：一
青白釉炉
长兴雉城镇高山岭
亭子山宋墓出土

三—三五：二
越窑青釉炉
常州市博物馆藏

三—三五：三
越窑青瓷炉
浙江黄岩灵石寺塔出土

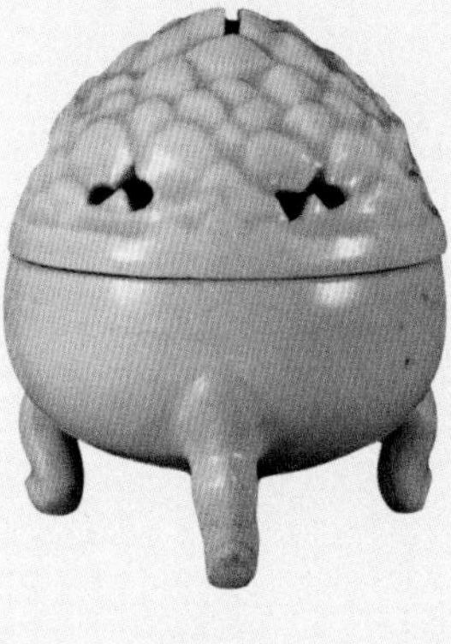

三—三六
青白釉三足炉
广东省博物馆藏

台座；旧金山亚洲艺术博物馆也藏有与它几乎完全相同的一件❶〔图三—三七：一、二〕。扬州博物馆藏宋景德镇窑青白釉炉，高十六点五厘米，炉盖镂作火焰式孔❷〔图三—三七：三〕。南京市江宁区宋徐伯通墓出土青白釉炉尺寸更小，造型浑圆❸〔图三—三七：四〕。北宋刘敞《戏作青瓷香毬歌》：『蓝田仙人采寒玉，蓝光照人莹如烛。蟾肪淬刀昆吾石，信手镌花何委曲。濛濛夜气清且嫮，玉缕喷香如紫雾。天明人起朝云飞，仿佛疑成此中去。』❹蓝光照人，镌花委曲，前面举出的琐琐细细，都可以用它来概括。『夜气』云云，『朝云』云云，则青瓷香毬长与眠人相伴也。

金属制品，可举宁波南宋绍兴十四年天封塔地宫出土的一件银炉❺〔图三—三八〕，器底六个如意足上一个六角须弥座，其上托起带栏杆的平座，座心一根独柱擎出小小一个银香毬，其身錾一周缠枝莲花，上盖镂作龙牙蕙草。座高六点一厘米，炉高三点九、口径四点三厘米。

明清时代，流行于两宋的这一类香炉已变得不很时兴，不过唐式香毬的传统却未曾中断，宋末元初的时候它又曾传到阿拉伯世界，如美国大都会艺术博物馆藏马木鲁克王朝嵌金银黄铜香毬❻〔图三—三九〕。此为十二世纪物，即马木鲁克王朝前期（一二〇五年至一三九〇年）。

❶两器均为参观所见并摄影。❷《扬州馆藏文物精华》，图一一〇。本篇用图为参观所摄。❸今藏南京博物院，本篇用图为参观所摄。❹《全宋诗》，册九，页五七八七。按『香毬』原作『香球』，非。其时『球』字不作此用。此据《公是集》（四库本）卷十八改。❺林士民《浙江宁波天封塔地宫发掘报告》，页一五（『镂孔式熏炉』），《文物》一九九一年第六期。器藏宁波博物馆，本篇用图为参观所摄。❻《メトロホリタン美術全集·十·イスラム》，页六二，福武书店一九八七年。关于元朝与马木鲁克王朝交往的若干细节，见黄时鉴《东西交流史论稿·元代扎你别献物考》，页七八，上海古籍出版社一九九八年。

三—三七：一
景德镇窑青白釉炉
陕西蓝田北宋吕氏家族墓地出土

三—三七：二
青白釉炉
旧金山亚洲艺术博物馆藏

三—三七：三
青白釉炉
扬州博物馆藏

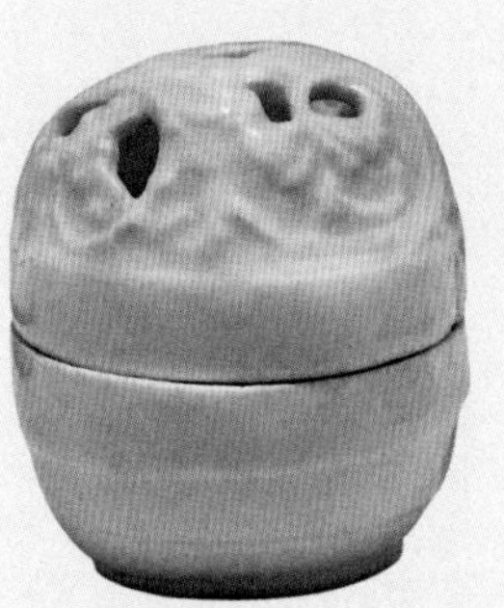

三—三七：四
青白釉炉
南京市江宁区宋徐伯通墓出土

三一三八
银炉
宁波南宋绍兴十四年天封塔地宫出土

三一三九
马木鲁克王朝嵌金银黄铜香毬
美国大都会艺术博物馆藏

中国国家博物馆藏明代一件铜香毬，高十二点八厘米，腹径十三点三厘米，通体是镂空梅花组成的六朵大团花和八朵小团花，炉心一个小铜盂，种种机括与唐代无别❶（图三一四〇），并且它依然是卧帐中物。明田艺蘅《留青日札》卷二十二『香毬』条：『今镀金香毬如浑天仪然，其中三层关棙，轻重适均，圆转不已，置之被中而火不覆灭，其外花卉玲珑而篆烟四出，真闺房之雅器也。』《金瓶梅》第二十一回曰潘金莲到了李瓶儿房里，瓶儿还睡在床上，『金莲就舒进手去被窝里，摸见薰被的银香球』，正是此物。它在明清代宫廷均有制作。故宫博物院藏有明

❶《中国文物精华大辞典·青铜器卷》，图一三四一。本篇用图为参观所摄。

早期的掐丝珐琅香毬，又有康熙朝的一件，后者口径十六点二厘米，大朵的西番莲铺展在浅蓝珐琅釉的地子上，香毬顶端及合口处錾出透空的花叶纹以逸香气，内部结构一如唐式，底中錾『大清康熙年制』款，下边是一个戗金宝相花的乌木座[1]（图三—四一）。富艳精工，自是皇家气派，当然仍应该说这是唐式香毬的余绪，只是唐宋风流已经不再。

[1]《故宫文物大典》（三），图九六三。

三—四〇
铜香毬
中国国家博物馆藏

三—四一
掐丝珐琅香毬
故宫博物院藏

传统的博山炉宋代也还用着，不过多半只是充作炉盖，炉身则常常用着不同的搭配。如安徽全椒西石村北宋元祐七年张之纥墓出土的一件青白釉香炉，通高十一点八厘米，炉盖为叠耸的山峦，顶端和重重山峰间各有出烟孔，炉口做出大宽边的花式折沿，炉身贴塑四个浮雕兽面，炉座装饰莲瓣纹，下边是花式圈足，胎质细薄，釉色晶莹，应出自景德镇窑❶〔图三—四二：一〕。又合肥市北宋包绶墓出土的青白釉炉，通高十一厘米，圆筒形的炉身，下边浅浅的三个花形足，炉盖顶端镂孔做成菊花瓣，其下刻为重叠的二十四峰❷〔图三—四二：二〕。宋黄公度《石博山》『谁琢翠岚如许工，晴峦汹涌欲穿空』❸，刘子翚『鄱江细壤如凝脂，陶成小炉圆净姿。色含三秋玉沆瀣，韵压六尺金狻猊』❹，用来为它品题，都很合宜。鄱江，指景德镇；细壤，其地所出瓷土。如凝脂，若含玉，影青之妙也。

三—四二：一
青白釉博山炉
安徽全椒张之纥墓出土

三—四二：二
青白釉博山炉
合肥市北宋包绶墓出土

❶滁县地区行署文化局等《安徽全椒西石北宋墓》，页六六，图版六：三；《文物》一九八八年第十一期。❷《安徽省博物馆藏瓷》，图五四。本篇用图系参观所摄。❸《全宋诗》，册三六，页二二五〇八。❹《向元伯寄爇香陶炉有心清闻妙之语》，《全宋诗》，册三四，页二一三八〇。按『心清闻妙』，语出杜诗《大云寺赞公房四首》『灯影照无睡，心清闻妙香』。

博山式的炉盖下面接鼎式炉身，也是常见的一种。辽宁省博物馆藏南宋《白莲社图》绘庐山十八贤故事，卷中画着白莲池畔环石而坐笺校经义的五个人，石台上列着笔墨纸砚，中间一具香炉，即此式〔图三一四三〕。黄庭坚《谢王炳之惠石香鼎》句云『薰炉宜小寝，鼎制琢晴岚。香润云生础，烟明虹贯岩』❶，其类也。重庆市博物馆藏南宋青白釉炉，通高十点五厘米，圜底的三足小鼎，上承博山式炉盖❷〔图三一四四：一〕；日本出光美术馆藏与它式样相似的一件，通高十点八厘米❸〔图三一四四：二〕——皆『小寝』所宜。这一类形制小巧的博山炉虽与出香有着共同的渊源，但此际不论陈设方式还是本身的韵致，二者都相去很远。然而元代又有了改变，如北京德胜门外出土的元三彩镂空琉璃炉，博山式的炉盖，上面透雕黄彩蟠龙，鼎式炉身遍体浮雕花枝和云，其间又穿插着蟠龙和飞凤，通高三十七厘米❹〔图三一四五〕。它应是作供具之用，与宋代『小寝』所宜之博山炉，自然大异其趣，而这时候也正是博山炉的尾声了。

三一四三
《白莲社图》（局部）
辽宁省博物馆藏

❶《全宋诗》，册一七，页一一三七〇。❷《中国陶瓷全集·十六·宋元青白磁》，图二八，上海人民美术出版社等一九八四年。本篇用图为参观所摄。❸《中国陶磁——出光美術館蔵品図録》，图四三五，平凡社一九八七年。❹《首都博物馆藏瓷选》，图八一，文物出版社一九九一年。

三—四四：一
青白釉博山炉
重庆市博物馆藏

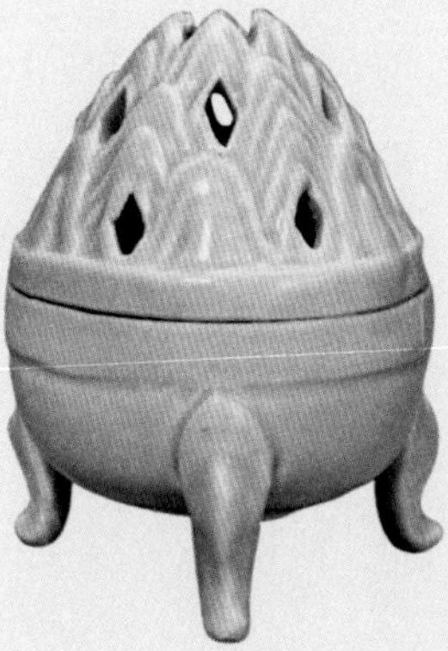

三—四四：二
青白釉博山炉
日本出光美术馆藏

三—四五
三彩琉璃博山炉
北京德胜门外出土

一贰

北宋时，北方最为常见的瓷香炉是一种高足杯式炉，此为开敞式，当然是用不到炉盖的。炉通常多在十厘米以下，平展的大宽沿儿，下接直壁或斜斜向下折下去的炉膛，细腰，小喇叭座，有白釉，有黑釉，也有刻花。北京丰台区辽琅琊郡开国侯王泽墓出土的一件定窑白釉炉是其精者，它的式样也很有代表性，墓葬年代为辽重熙二十二年❶〔图三—四六〕。不过此式香炉的成型大约早已完成于唐。陕西唐代黄堡窑址所出数量不少的高足杯式炉，若作器型排队，可由初唐排至中晚唐，下又顺接五代，直到宋金耀州窑❷，而见出它的一脉相承略无中断。北方的不少窑场如龙泉务窑❸，磁州窑❹，登封窑❺，又宁夏灵武窑❻，都有这一类高足杯式炉的制作，虽然细分起来其中尚有不少区别，如折沿或宽或窄，或平或坡，炉膛或直壁或斜壁，圈足或大或小，或高或低，但大体属于同一类型〔图三—四七：一～四〕。高足杯式炉的出现大约在五代或更早，出自山西临猗的五代经变画中已绘有此式香炉，炉中香烟细细，

❶《首都博物馆藏瓷选》，图二一。❷《唐代黄堡窑址》，彩版三六：三，彩版三七：一，等等；陕西省考古研究所《五代黄堡窑址》，图版六三：一～三，文物出版社一九九七年；陕西省考古研究所《宋代耀州窑址》，彩版八：四，图版八〇至八三，文物出版社一九九八年（本篇图例今藏耀州窑博物馆，系观展所摄）。按此类香炉在若干考古报告中或被称作『灯』。❸北京市文物研究所《北京龙泉务窑发掘报告》，彩版四：三～五，图版九二、九三，文物出版社二〇〇二年。龙泉窑的烧造时间为辽早期至金，炉的年代约当辽晚期。❹北京大学考古系《观台磁州窑址》，彩版七、八、二三、二七，文物出版社一九九七年。本篇用图为中国磁州窑博物馆参观所摄，均为北宋物。❺北宋物，此为观展所见并摄影。❻马文宽等《宁夏灵武窑》，图七五、九六，紫禁城出版社一九八八年。

炉两边各设一个香宝子❶〔图三—四八：一〕。河南巩义米河半个店出土的北宋石棺线刻孝子图、山西沁水县宋墓雕砖❷〔图三—四八：二、三〕，又河南济源市勋掌村出土金代三彩听琴图枕，都表现出它的形象。末一例的图中童子左手持香合，右手正向炉内添香❸〔图三—四九〕。美国克利夫兰艺术博物馆藏北宋赵光辅《番王礼佛图》，其中一位供养人手捧的香炉也同此式，而炉的装饰仿佛是用着刻花，式样近于耀州窑制品❹〔图三—五〇：一～二〕。

这一类高足杯式炉南方不太常见，即北方亦多属民用，宫廷不必说，宋代仕宦之家也很少用到它。南方有与它的造型略近似者，但分明又是别一系，如江西南丰白舍窑址所出北宋青白釉莲台座炉，炉身折沿盆式，直腹，平底，下边莲台式座，通高八厘米❺〔图三—五一〕。此式自应归属在莲花香炉一类。

莲花香炉的样式初始尚带着若干外来因素，但时至两宋早已把它本土化，莲花与博山的结合是其方式之一，止在莲花上巧用心思则方式之又一。早期一个著名的例子是西安大雁塔门楣上的石刻说法图。释尊足边左右各有莲花，花心各有供养菩萨，其中一身双手捧着香炉：一朵仰覆莲花托起杯式炉身，莲花下接高柄圈足❻〔图三—五二：一〕。石刻的时代为唐永徽三年，炉则差不多成为此后莲花香炉的一种定式，当然还会有

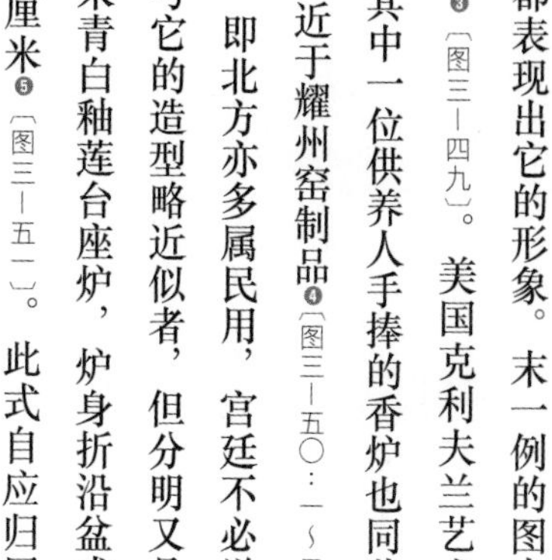

三—四六 定窑白釉炉
辽王泽墓出土

❶今藏山西博物院，此为参观所见并摄影。
❷《中国画像石全集·八·石刻线画》，图二〇〇；李奉山《山西沁水县宋墓雕砖》，图一：一，《考古》一九八九年第四期。
❸三彩枕今藏河南博物院，本篇用图为参观所摄。❹陕西省对外文化交流协会《耀州窑》，宋代部分第四十二图，陕西旅游出版社一九九二年。❺《尘封瑰宝》，页四六。❻《中国画像石全集·八·石刻线画》，图一四四。

三—四七：一
复层式镂孔青釉炉
耀州窑址出土

三—四七：二
白釉贴花炉
北京龙泉务窑址出土

三—四七：三
磁州窑白釉褐彩炉
观台磁州窑址出土

三—四七：四
磁州窑白釉剔花炉
观台磁州窑址出土

三—四八：一
五代经变画
山西临猗出土

三—四八：二
北宋石棺线刻孝子图中的香炉
河南巩义米河半个店出土

三—四八：三
宋墓雕砖中的香炉
山西沁水县宋墓出土

三—四九
三彩听琴图枕（局部）
河南济源市勋掌村出土

三一五〇：一
《番王礼佛图》（局部）
美国克利夫兰艺术博物馆藏

三一五〇：二
耀州窑刻花炉
陕西铜川宋耀州窑址出土

三一五一
青白釉莲台座炉
江西南丰白舍窑址出土

三—五二：一
莲花炉
西安大雁塔门楣石刻

更多装饰上的新巧。成都金河路遗址出土唐五代黄绿釉莲花炉，莲花瓣上片片刻出细密的纹理，其上再贴饰飞天❶（图三—五二：二）。不过这一类香炉也有上面加盖子的，陕西扶风法门寺地宫出土一件莲花炉亦即同出物账碑中登录的『银金花香炉一副并碗子』❷，下覆的莲叶为座，莲花为炉身，内置香碗，上覆莲苞钮的炉盖，盖有镂空云朵以出烟❸（图三—五二：三）。

❶今藏成都博物馆，本篇用图为观展所摄。
❷董淑燕《唐宋时期的香具与佛事》，页一一，载《香远益清：唐宋香具览粹》（浙江省博物馆、法门寺博物馆编），中国书店二〇一五年。器藏法门寺博物馆，本篇用图为观展所摄。❸今藏法门寺博物馆，本篇用图为观展所摄。

三—五二：二
黄绿釉莲花炉
成都金河路遗址出土

三—五二：三
银金花香炉
法门寺地宫出土

莲花香炉在宋代更是常见，不论绘画还是实物。河南宝丰清凉寺汝窑遗址中心烧造区发现的莲花香炉残件❶（图三—五三：一），与唐代式样没有太多差别，不过把圈足易作一枚下覆的荷叶，荷叶上脉理清晰，见出汝瓷特有的莹润，又以清净和秀气更显出生意。宋张商英作《佛国禅师文殊指南图赞》，第三十五为善财童子即众会中参普救众生妙德主夜神，图中绘着参拜场面，中间一张香案，香案两边摆着经卷、香合，当中一具香炉，正是荷叶为座仰莲为托的莲花炉❷，其式与汝窑遗址所出者略无二致（图三—五三：二）。广东潮州羊皮岗出土宋青白釉莲花炉，产自潮州笔架山窑，高十一点五厘米❸（图三—五四：一）。今藏美国波士顿艺术博物馆一幅宋人《调鹦图》的香几上正绘出同类样式的香炉（图三—五四：二）。耀州窑也多有莲花香炉的精品，式样有简洁也有繁复。后者可以举出宋代耀州窑址出土的一件。依然是仰莲捧出炉身，最下一层是仰覆莲花的托座，仰莲形成的宽沿上贴饰六只狮子，复原后通高十四点三厘米❹（图三—五五）。南宋赵蕃诗咏青瓷香炉云『耀州烧瓷朴不巧，狮子座中莲叶绕』❺，所咏香炉为仁宗时物，『狮子座中莲叶绕』，与此例的装饰意匠或者近似。中国国家博物馆藏一幅南宋《耕织图》，所绘为南方农家小景，画中有设在户外的一具小香几，香几上摆着香合与香匙，莲

❶河南省文物考古研究所《启封中原文明——二十世纪河南考古大发现》，页二四九，河南人民出版社二〇〇二年。本篇用图为观展所摄。❷《大正藏》，第四十五卷，页八〇一。❸广东省博物馆《南国瓷珍——潮州窑瓷器精品荟萃》，页三六，岭南美术出版社二〇一一年。按此器今藏广东省博物馆，本文照片为参观所摄。❹《宋代耀州窑址》，页三二七，彩版一〇：一。按此器今藏深圳博物馆，本篇用图为参观所摄。❺《鉴山主以天圣宣赐行道者五百金装罗汉青瓷香炉为示复用韵》，《全宋诗》，册四九，页三〇四九七。

三—五三：一
汝窑莲花炉残件
宝丰清凉寺汝窑遗址出土

三—五三：二
香案上的莲花炉
出自《佛国禅师文殊指南图赞》

三—五四：一
青白釉莲花炉
广东潮州羊皮岗出土

三—五四：二
《调鹦图》（局部）
美国波士顿艺术博物馆藏

三—五五
耀州窑莲花炉
宋耀州窑址出土

花炉里正焚着香饼〔图三—五六：一〕。台北故宫博物院藏传李嵩作《罗汉图》，添香罗汉左手所持也是同样形制的莲花炉〔图三—五六：二〕。浙江省博物馆藏婺州窑青釉莲花炉为北宋物，通高十二厘米，炉身浅刻流云和鹦鹉❶〔图三—五七：一〕，福建沙县大洛官昌村出土的南宋青白釉莲花炉，通高十三点七厘米，莲花托座上擎出算珠式柄，其上以仰莲托起七瓣花口的炉身❷〔图三—五七：二〕，颐陶轩陶瓷文化艺术研究所藏青白釉莲花托座炉，通高二十点八厘米❸〔图三—五七：三〕，三器与画作中的香炉正是恰好的呼应，又因为是走出画面的实物，而可见出玉一般的清润。黄庭坚《次韵几复答予所赠三物三首》，其《石博山》一首起句云『绝域蔷薇露，他山菡萏炉』❹，『蔷薇露』与『菡萏炉』固然对得有趣，不过所谓『他山』乃溯其原始，经历了唐，又入于宋，这时候的菡萏炉早已在中土生长得枝繁叶茂。

❶《香远益清：唐宋香具览粹》，页九八。本篇用图为观展所摄。❷《福建博物院文物珍品》，图六五。按图版说明作『影青釉莲花尊』。本篇用图为参观所摄。❸《南国瓷珍——潮州窑瓷器精品荟萃》，页三八。❹《全宋诗》，册一七，页一一五三三。

三—五六：一
《耕织图》（局部）
中国国家博物馆藏

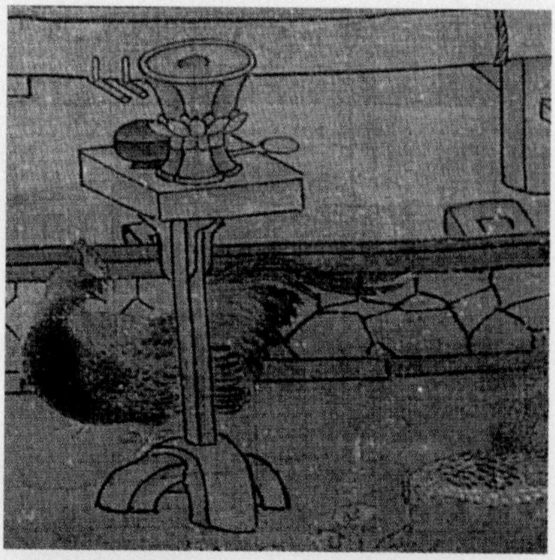

三—五六：二
《罗汉图》（局部）
台北故宫博物院藏

局部一

局部二

三—五七：一
婺州窑青釉莲花炉
浙江省博物馆藏

三—五七：三
青白釉莲花托座炉
颐陶轩陶瓷文化艺术研究所藏

三—五七：二
青白釉莲花炉
福建沙县大洛官昌村出土

二

当然南宋最具特色的香炉还要说是仿古式样的小型香炉，最初大约是直接取了古器如三代乃至秦汉的铜鼎、铜簋、铜鬲，用作焚香。范成大《古鼎作香炉》『云雷萦带古文章，子子孙孙永奉常。辛苦勒铭成底事，如今流落管烧香』❶，舒岳祥《古铜炉》『殷彝周鼎几千年，土蚀苔封洗涤全。且与道人烧柏子，不须公子爇龙涎』❷，又宋郑刚中《焚香》句云『五月黄梅烂，书润幽斋湿。柏子探枯花，松脂得明粒。覆火纸灰深，古鼎孤烟立。翛然便假寐，万虑无相及』❸，叶茵《偶成》句云『世事如今不可知，相逢茶罢且吟诗。无风古鼎香烟直，未午空庭树影迟』❹，等等，都是两宋诗词中可以信手拈来的例子。前举陆游《焚香赋》所谓『两耳之鼎』，也可以概指其类。不过古物究竟难得，因此有了瓷制的仿古香炉，其精好者自然是起先的官窑和稍后的龙泉窑制品。

官窑瓷器显示着风格鲜明的宫廷式样，香炉亦然，它并且更多是取自宋人编定的《宣和博古图》。龙泉窑的仿官，常常出蓝，更有一种的美丽。当然好古之风是这一类仿古瓷炉制作的大背景，工艺的独特也把它的造型和尺寸限定在一个最为合式的范围之内。天工与人力合作成

❶《全宋诗》，册四一，页二六〇一八。❷《全宋诗》，册六五，页四一〇一七。❸《全宋诗》，册三〇，页一九一二〇。❹《全宋诗》，册六一，页三八二二八。

巧，小型瓷炉的精品因此多出宋官窑和龙泉窑❶。故宫博物院藏品中的两件南宋哥窑鱼耳炉，高都在八厘米左右，是此际瓷炉中常见的式样❷（图三一五八：一～二），造型原是仿自古铜簋，宋人根据器铭把它称作『敦』或『彝』——金文之『𣪘』（簋）字，宋人隶定为『敦』，而『彝』在金文器铭中常常是泛指。质料的不同使它从铜簋的凝重中幻化出来而以简洁至极的曲线出脱作别一种优雅和端巧，炉施青灰色釉，开片形成的所谓『金丝铁线』便在光泽莹润中与之相生相谐。风格特殊的完美，得自装饰与制作工艺结合得浑然如一。又上海博物馆藏龙泉窑三足炉或曰鬲式炉，高十一点三厘米，式仿古铜鬲，素朴得几乎省略掉一切装饰，似乎惟一的巧思只是利用烧成过程中釉层积聚厚度的变化而在腹足间『出筋』❸（图三一五九：一）。其实独特的釉色才是它的精魂，薄胎厚釉恰到好处的配合，洗练出娇滴滴水灵灵涵光沁绿的一泓梅子青，所谓『琢瓷作鼎碧于水』❹，为龙泉青瓷写神已算形容得恰切，但还要说玉样的品质才是它的难得。浙江德清县乾元山南宋咸淳四年吴奥墓出土的龙泉窑粉青鬲式炉，高六点五厘米❺（图三一五九：二），与上海博物馆藏品韵致相仿，只是更小。出自有纪年的墓葬，自然是最好的互证。

❶器形小，是汝窑产品的特色之一。而御用汝窑的烧造工艺则首先表现在窑炉、窑具和模具的变化。初期的窑炉基本沿用民窑的马蹄形，此际每窑可装器三十件左右，至御用汝窑的鼎盛期，原来的马蹄形大窑炉改为椭圆形小窑炉，每窑只能装烧与二十厘米左右的匣钵配套的器物十件（郭木森《浅谈汝窑、官窑与汝州张公巷窑》，页九，《中国古陶瓷研究》第七辑，紫禁城出版社二〇〇一年）。汝窑各类器物高度因多在十几厘米至二十三厘米之间，而很少有大件。南宋官窑青瓷和龙泉窑青瓷也以制作精致灵巧的小型器件为主，此则由其薄胎厚釉的工艺特色所决定。❷本篇用图为观展所摄。❸本篇用图为参观所摄。❹杨万里《烧香七言》，《全宋诗》，册四二，页二六一八一。❺《浙江纪年瓷》，图二一六。本篇用图为观展所摄。

三—五八：一
哥窑鱼耳炉
故宫博物院藏

三—五八：二
哥窑鱼耳炉
故宫博物院藏

三—五九：一
龙泉窑梅子青鬲式炉
上海博物馆藏

三—五九：二
龙泉窑粉青鬲式炉
南宋吴奥墓出土

又有一种北宋已经流行的酒樽式炉，宋人每以『奁』『小奁』『奁炉』或『古奁』为称。范成大《吴船录》记其峨眉普贤寺所见有『奁炉』，陆游《斋中杂题》『棐几砚涵鹳鹆眼，古奁香斫鹧鸪斑』❶，侯寘《菩萨蛮·木犀十咏》『熏沉』一阕句云『小奁熏水沉』❷，均为此物。前举《武林旧事》所列张俊进奉高宗的礼单，中有汝窑『大奁一，小奁一』，又周密《志雅堂杂钞》卷下曰于人家所见『汝窑一小炉、二奁、一瓶，绝佳』，所谓『二奁』，也都指的是此式香炉。汝窑烧造时间短，制品存世本来很少，奁式炉传世品只有两件，一藏故宫博物院，一藏英国大维德基金会❸〔图三一六〇：一、二〕。出自定窑者则比较多见，二者在造型上并没有太大分别，即直筒，平底，下边三个兽蹄足，炉身装饰三组凸起的弦纹。汝窑釉色天青，定窑釉色牙白，造型与装饰均是带了古典趣味的简素。若论釉色的争胜，则定窑是洗尽铅华的明洁，汝窑是略显朦胧的温润，借用顾恺之故事，形容它『如轻云之蔽月』，也觉得妥帖。台北故宫博物院藏一件定窑牙白奁式炉，高八点七厘米❹〔图三一六〇：三〕，英国大维德基金会所藏汝窑制品高十五点一厘米，那么前者是宋人眼中的『小奁』，后者便堪称『大奁』。南宋龙泉窑、吉州窑等均出奁式炉，不过风格有了显著的变化，即不求古雅，而更喜欢活泼与生趣。如浙江绍

❶《全宋诗》，册四〇，页二四九〇〇。❷《全宋词》，册三，页一四三二。❸大维德基金会所藏汝窑奁炉今展陈于大英博物馆。两例均为参观所摄。❹《故宫历代香具图录》，图三五。

三—六〇：一
汝窑奁式炉
故宫博物院藏

三—六〇：二
汝窑奁式炉
英国大维德基金会藏

三—六〇：三
定窑奁式炉
台北故宫博物院藏

兴县钱清镇环翠塔地宫出土的一件龙泉窑青瓷炉，高九点五厘米，口径十四厘米，直筒式亦即奁形的炉身，两面对饰福和寿并牡丹花两枝，炉底三个兽蹄足，香炉里面尚存着香灰❶〔图三—六一：一〕。它出土在『咸淳乙丑六月廿八辛未』的纪年石函中，时代很是明确。同时代类似的实物可以说数量不算少。苏州市娄葑镇新苏大队开河工地出土宋龙泉窑青瓷奁炉，高仅五点一厘米，口径六点八厘米，炉底为圈足❷〔图三—六一：二〕。江西南昌南宋嘉定二年墓出土的黑地白花莲荷纹奁式炉，高六点八厘米，炉口平沿内折，炉壁略鼓，平底，三个小矮足，炉身上下各装饰两道香印纹，中间宽宽的黑地子上挥洒出水中风中的莲叶和莲花❸〔图三—六一：三〕。作为吉州窑制品，它当然更多民间风味，并且已是另一种创造，虽然仍可以看得出渊源。

两宋名窑的仿古香炉，尺寸都很小，高矮多在十厘米左右，宋人的日用焚香，都是用这一类小型香炉。它同前举高足杯式炉一样，属于开敞式，即上面不加盖子，出土实物如此，宋元绘画所见也是如此。李渔《闲情偶记》卷四《器玩部》『炉瓶』条曰，炉盖的用处在于覆灰，使风起不致飞扬，然而『香炉闭之一室，刻刻焚香，无时可闭，无风则灰不自扬，即使有风，亦有窗帘所隔，未有闭熄有用之火而防未必果至之风

❶《浙江纪年瓷》，图二一四。本篇用图为参观所摄。❷《苏州博物馆藏出土文物》，页二〇四，文物出版社二〇〇九年。❸余家栋《中国古陶瓷标本·江西吉州窑》，图一二六，岭南美术出版社二〇〇二年。按器藏江西省博物馆，本篇用图为参观所摄。

三—六一：一
龙泉窑奁式炉
浙江绍兴环翠塔地宫出土

三—六一：二
龙泉窑奁炉
苏州市娄葑镇新苏大队
开河工地出土

三—六一：三
吉州窑奁式炉
江西南昌嘉定二年墓出土

者也。是炉盖实为赘瘤，尽可不设』。可知直到明末清初，此类幽室焚香的小炉仍有不少是不用盖子的。

元代出自龙泉窑的仿古式小香炉大体承袭宋代形制，但少了秀逸之气。杭州老东岳元大德六年鲜于枢墓出土的龙泉窑三足炉，高九点九厘米，鼓腹，圜底，束颈两侧贴附双耳，炉身上饰双弦纹，下饰单弦纹，下边三个兽头足❶，同宋代风格的区别已经十分明显〔图三—六二：一〕。内蒙古赤峰地区出土元代侍女铜像、大同市博物馆藏元代供养菩萨铜像，女子托举的小炉也都是元代香炉的一类典型式样❷〔图三—六二：二、三〕。另一种元代常见的造型，可以北京元大都遗址出土的青白釉三足炉为例，炉身造型仿古青铜分裆鬲，上面装饰饕餮纹，一对高耸在口沿之外的直耳贴附在束颈两侧，通高二十九点五厘米❸〔图三—六三：一〕。此类样式在金代磁州窑枕的装饰图案中已经出现，如河北磁县观台镇出土长方形白地黑花『雪夜访普』故事枕所见者❹〔图三—六三：二〕。钧窑香炉则可代表金元以来的另一种风格，如山西大同宋家庄元冯道真墓出土天青釉钧窑炉，如吉林省博物馆藏天青釉贴花钧窑炉❺〔图三—六四：一、二〕。钧窑炉的特色之一是造型极见敦厚，即便高矮在十厘米以下的小炉。河南新安县夹沟窑址出土的元天蓝釉三足炉，高九点九厘米，束颈，扁圆腹，下边三个露胎小矮足。尺寸虽小，却特别有一种饱满厚实的效果❻〔图三—六四：三〕。

❶《浙江纪年瓷》，图二二二。今藏杭州博物馆，本篇用图为参观所摄。❷前者今藏赤峰博物馆；后者系一九五九年大同文管会从大同废品公司拣选。此均为参观所见并摄影。❸《首都博物馆藏瓷》，图六三。❹今藏邯郸市博物馆，此为参观所见并摄影。❺例一墓葬年代为至元二年，今藏山西博物院；例二高十二点二厘米。两例均为参观所见并摄影。❻《中国陶瓷全集·十·元》（上），图二〇九，上海人民美术出版社二〇〇〇年。

三—六二：一
龙泉窑三足炉
杭州老东岳鲜于枢墓出土

三—六二：三
供养菩萨铜像
大同市博物馆藏

三—六二：二
侍女铜像
赤峰地区出土

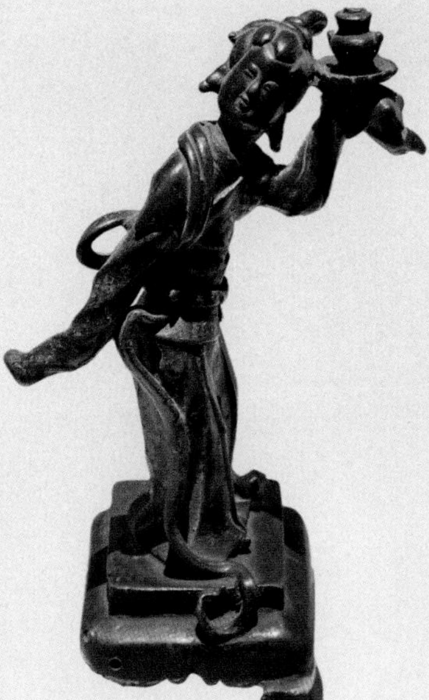

三—六三：一
青白釉三足炉
北京元大都遗址出土

三—六三：二
金代磁州窑枕
河北磁县观台镇出土

三—六四：一
天青釉钧窑炉
山西大同宋家庄元冯道真墓出土

三—六四：二
天青釉贴花钧窑炉
吉林省博物馆藏

三—六四：三
天蓝釉三足炉
河南新安县夹沟窑址出土

明清香炉的制作，材质多样，样式则以仿古为主，瓷炉不必说，即铜、玉、珐琅等，也多如此。故宫博物院藏明早期掐丝珐琅炉，高九点三厘米，白色珐琅釉为地，口沿一周彩云，炉身是红了叶尖的葡萄叶和大串的紫葡萄，炉底饰菊花❶（图三—六五）。此式香炉也常被画家拈入画图，不论写实还是『用典』，都是为了追求古意❷（图三—六六）。

❶《故宫博物院藏文物珍品大系·金属胎珐琅器》，图一四，上海科学技术出版社等二〇〇一年。❷如上海博物馆藏明丁云鹏《漉酒图》。本篇用图为参观所摄。

三—六五 明早期掐丝珐琅炉 故宫博物院藏

三—六六 《漉酒图》（局部） 上海博物馆藏

受宋代仿古瓷炉影响最深的可以说是明代『宣德炉』的制作，当然若论工艺，它又别是一项出色的创造。宣德三年，帝敕谕工部曰，以『郊坛、宗庙以及内廷所在陈设鼎彝虽为先朝遗器，式范非古，用是深系朕怀。今有暹逻国剌迦满蔼者所贡洋铜，厥号风磨，色同阳迈，朕思所用堪铸鼎彝，以供郊坛、宗庙以及内廷之用。今着礼部会同司礼监并尔工部等参酌机宜，将应铸鼎彝，可照《博古》《考古》诸书，并内库所藏柴、汝、官、哥、均、定等窑器皿款式典雅者，照式铸来』❶。阳迈即紫磨金，金之佳者，『中国谓紫磨金，夷人谓之杨迈』❷。暹逻国风磨铜，《宣德彝器图谱》卷上称作『暹罗国风磨生矿洋铜』，便是黄铜。制作宣德炉用的是合金，成分主要是铜与锌与锡❸。此精炼黄铜，其最者至于十二炼。铜液至五六炼时，即已色如良金，若十二炼，则一斤铜液止剩得四两精铜，铸出铜器自然铜质精美，而且很小的一件，掂在手里，也会有意外的重实感。

宣德炉的仿古，其『古』为宋，宋代仿古式瓷炉的几种样式，便以这样一个特殊的机缘而格外余脉绵长。而宣炉仿古的成功，又在于遗貌取神，以工致的『减笔』锻炼出古朴简洁的造型，撷得宋炉之韵。各式乳炉、鬲炉、彝炉、钵盂炉——依《宣德彝器图谱》中的名称，

❶《宣德彝器图谱》卷一，喜咏轩丛书本。

❷《南齐书》卷五十八《东南夷传》。按紫磨金之称最初来自佛经，云紫磨者，盖言色，磨言泽。中土用之，遂成通俗方言，专用来指金之美者。章鸿钊《石雅·下编》『紫磨金』条有详考（上海古籍出版社一九九三年）。❸宣德炉的出现，可以说是中国古代化学史上的一件大事。张子高《中国化学史稿》中说到，『宣炉的五光十色，跟宣德青花瓷一样，在化学美术工艺上具有重要的意义，而促进这项成就的条件之一则是大量金属锌的供应。对我们说来，我国在十五世纪二十年代，已经能生产金属锌，遂由宣炉的制造而成为无可否认的事实』（页一一〇，科学出版社一九六四年）。《宣德彝器谱》卷二物料清册中列出的『倭源白水铅』，即金属锌。按记载宣德三年铸作鼎彝事，现存三种版本的著述：《宣德彝器图谱》三卷（编者署工部尚书吕棠），《宣德鼎彝谱》八卷（署礼部尚书吕震），《宣德彝器图谱》二十卷（署工部尚书吕震）。纪事颇有不同。或据八卷本的记载而怀疑宣德炉中金属锌的存在（周卫荣《关于宣德炉中的金属锌问题》，《自然科学史研究》第九卷第二期〔一九九〇年〕），似可斟酌。

不妨说这几种炉式最合宣宗作为标准的『款式典雅』，它以简单柔和的曲线而见出意态端严，炉色的精光内敛，更成就它的气度雍容。只是当时数以三千三百六十五件计的大量制作❶，传之后世的宣炉真品却少而又少。它的重要也许更在于促成风气，后来公铸私铸都有很多仿品，其中亦不乏精好之作，如俪松居藏『琴友』款蚰耳圈足炉❷（图三一六七）。宣德炉因此也常常是这一类铜炉的通名，当年明宣宗用于文房陈设的几种炉式仿制尤多❸，且长久成为文人雅士的案头清玩。又以宣炉的色泽可以因『炼』而变，而使好事者兴起『炼炉』或曰『炼炉』之风，并把种种奥妙著为专论❹，『朝夕拂拭，辨质辨色，辨款式，辨工夫，群相矜尚』❺，以至于成为香炉中的别品，焚香之用倒在其次了。

三一六七 『琴友』款蚰耳炉 俪松居藏

❶宣德三年的铸造鼎彝，有四次铸造纪录，此为首次之数。❷作者述其始末云：『一九四七年冬于海王村古董店架上见之，遍身泥垢。时荃猷正从平湖先生学琴，喜炉款识而购之。依李卿丈法，用杏干水煮之数沸，翌晨取出，泥垢尽失，灿然如新，置洋炉子（北京当年一般家庭取暖用铁炉，平顶，侧面开门）顶面爇之，一夜而得佳色，且肌理光润生辉，此为平生用速成法烧成之第一炉。』王世襄《自珍集——俪松居长物志》，页三二，三联书店二〇〇三年。❸《宣炉博论》：『吴下宣炉其款制首尚乳炉、鱼耳、蚰耳，以此三种皆宣庙文房之所御用也，款式典雅，朴素无文，置之几案，何妙如之。』❹烧炉事述之最详者为清吴融《烧炉新语》，收在王世襄《锦灰二堆》卷二，三联书店二〇〇三年。❺沈氏《宣炉小志》。

其实明代中晚期的时候，两宋名窑乃至明初宣窑制作的各式瓷香炉即多已成为珍贵的文玩，而不大用作日常的焚香。《长物志》卷七『香炉』条：『三代、秦汉鼎彝及官、哥、定窑、龙泉、宣窑，皆以备赏鉴，非日用所宜，惟宣铜彝炉稍大者最为适用，宋姜铸亦可。』所谓『姜铸』，即南宋杭州姜娘子所制。又张岱《陶庵梦忆》卷六『甘文台炉』条：『香炉贵适用，尤贵耐火，三代青绿，见火即败坏，哥、汝窑亦如之。便用，便火，莫如宣炉。』只是张宗子的时代宣炉也已成珍玩，『宣铜一炉，价百四五十金』，岂是寻常可得，其时乃别有仿品，如北方有施银匠铸，南方则有这里说到的苏州甘铸。出于宝惜，为作为清玩的香炉配置底座和盖便成为风气，如台北故宫博物院藏一件宋龙泉窑翠青鬲式炉，上有后配的木盖，盖钮为镂空雕成鸳鸯衔荷的白玉顶❶（图三—六八：一）。台北故宫博物院藏明陆师道临文徵明《吉祥庵图》，绘草庵一楹，中设一榻，旁边一个小方几，几上置花瓶，又一个翠青色的小香炉，下有底座，上有带提手的盖子（图三—六八：二）。陆氏是嘉靖、万历间人，此图作于他的晚年。这一风气的形成，究其原始，当是模仿安置宣德彝器的做法，即为陈设于宫廷及分赐到各个王府等新制之器配置沉香盖座及各式玉顶，如羊脂白玉九龙顶，白玉螭龙顶，羊脂白玉双凤穿花顶，玉鸳鸯

❶《故宫历代香具图录》，图一三。

三—六八：一
龙泉窑鬲式炉
台北故宫博物院藏

三—六八：二
明陆师道临文徵明《吉祥庵图》（局部）
台北故宫博物院藏

顶，等等，见《宣德彝器图谱》和《宣德彝器谱》。这里说到的各式玉顶，乃是专为器盖而制。其时把元代以及晚明之前制作精巧的玉帽顶用作书斋雅玩之香炉的炉顶，也是流行的诸多装饰方法之一。文震亨《长物志》卷七『香炉』条曰：『炉顶以宋玉帽顶及角端、海兽诸样随炉大小配之，玛瑙、水晶之属，旧者亦可用。』所谓『宋玉帽顶』，自然是认得差了，但可知炉顶式样本无一定，或新玉或旧玉，或仿制或新裁，不过求古求雅，求与炉的韵致相适。

至于清代，为各式古香炉配置座盖更成通常的做法，此多半是『以备赏鉴』之器。而各式仿古香炉的制作，大约初衷便不是为着实用。南京博物院藏清乾隆白玉镂雕牡丹炉，式仿古铜簋，两侧牡丹花耳，精雕着牡丹花的炉身，上面是雕镂同样精细的玉盖，玉盖顶上的捉手也细镂花枝和花叶。故宫博物院藏清碧玉牡丹炉与此式样近同❶〔图三—六九：一～二〕。清庆桂等作《国朝宫史续编》卷七十一录乾隆五十九年的一道谕旨：『近来苏扬等处呈进物件，多有雕空器皿，如玉盘、玉碗、玉炉等件，殊属无谓。试思盘碗俱系盛贮水物之器，炉鼎亦须贮灰，方可燃爇，今皆行镂空，又有何用。此皆系该处奸滑匠人造作此等无用之物，以为新巧，希图厚价获利。』那么这一类镂雕玉炉，也可以算作以工巧而不合用因使得龙颜不

❶两例均为参观所见并摄影。

三—六九：一
白玉镂雕牡丹炉
南京博物院藏

三—六九：二
碧玉镂雕牡丹炉
故宫博物院藏

悦的例子。它仿古而更在工艺上求精致，却以完全脱离实用而不能成功。

胪陈历代香具的精品，很像是对着一架多宝格，只见一片琳琅满目，其实与香具史并行的本来还有一条同样重要的发展线索，便是香料和焚香方式的演变史，而宋人又刚好是站在香料史中承上启下的位置。香炉在两宋的集大成，传统式样也多在此际完成它最后的演变，并且新创的形制几乎都成为后世发展变化的样范，正是同这样一条线索紧紧联系在一起。当然这又是另外的话题。如开篇所说，宋人的燕居焚香原是一种真实的生存方式，『诗禅堂试香』，曾是故家风流的『赏心乐事』之一❶。『却挂小帘钩，一缕炉烟袅』❷，平居日子里的焚香，更属平常。《松窗读易图》〔图三—七〇〕，《竹涧焚香图》〔图三—七一〕，《飞阁延风图》〔图三—七二〕，《女孝经图》〔图三—七三〕，《妆靓仕女图》〔图三—七四〕，等等，厅堂，水榭，书斋，闺阁，松下竹间，宋人画笔下的一个小炉，几缕轻烟，非如后世多是把它作为风雅的点缀，而是本来保持着的一种生活情趣。『小院春寒闭寂寥，杏花枝上雨潇潇。午窗归梦无人唤，银叶龙涎香渐销』❸，两宋香事便总在花中雨中平平静静润泽日常生活。

❶《武林旧事》卷十『张约斋赏心乐事』条。❷晁补之《生查子·东皋寓居，夏日即事》：『永日向人妍，百合忘忧草。午枕梦初回，远柳蝉声杳。／藓井出冰泉，洗瀹烦襟了。却挂小帘钩，一缕炉烟袅。』《全宋词》，册一，页五五六。❸胡仔《春寒》，《全宋诗》，册三六，页二二五二七。

三一七〇
《松窗读易图》（局部）
辽宁省博物馆藏

三一七一
《竹涧焚香图》（局部）
故宫博物院藏

三一七二
《飞阁延风图》（局部）
故宫博物院藏

三一七三
《女孝经图》（局部）
故宫博物院藏

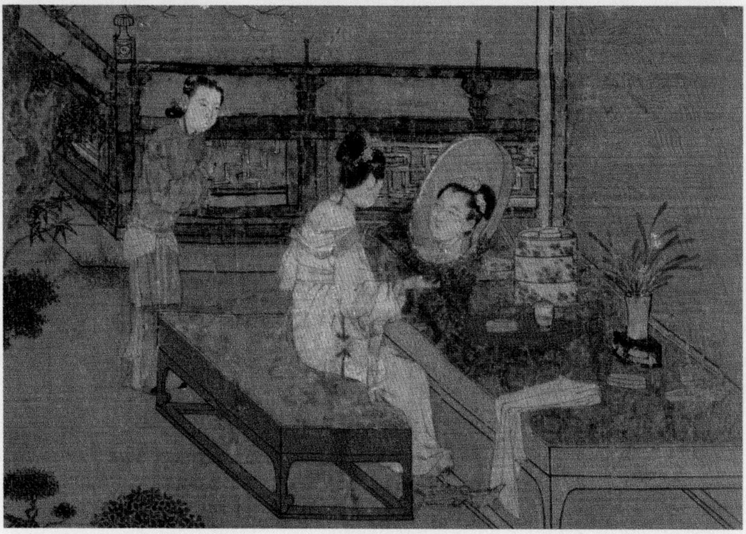

三一七四
《妆靓仕女图》
美国波士顿艺术博物馆藏

附：帽顶和炉顶

有一种流行于元明时期的小型透雕玉饰，高约在三厘米到九厘米之间，做工均极精好，题材则很是多样：秋山与鹿，鹭鸶与荷，祥云牡丹中的行龙和舞凤，又有口里衔着花枝的嬉戏鸳鸯，等等，传世与出土数量都不算少❶〔图三一七五：一〕，而传世品中，有很多是嵌在小型香炉的木盖顶端❷〔图三一六八：一、图三一七五：二〕。它本来就是炉顶，亦或如明人所说，乃由元人的帽顶改作炉顶，学界至今还没有一致的看法。近年出版的《中国隋唐至清代玉器学术研讨会论文集》即收有意见相反的两篇论文。持炉顶说者认为，玉雕帽顶，『在所有关于帽饰的记载中，没有片言只语』，而『帽顶之制，史料上素有记载，但指的却是「顶珠」』，因此明代被用作炉顶捉手的玉雕，与元代帽顶无关❸。

这里首先须要明确两个问题：一是关于玉雕帽顶的文献记载；二是帽顶究竟是怎样的，即何谓帽顶，何谓顶珠。然后我们可以讨论一种有捉手的香炉盖是如何产生，以及帽顶与炉顶究竟有没有联系。

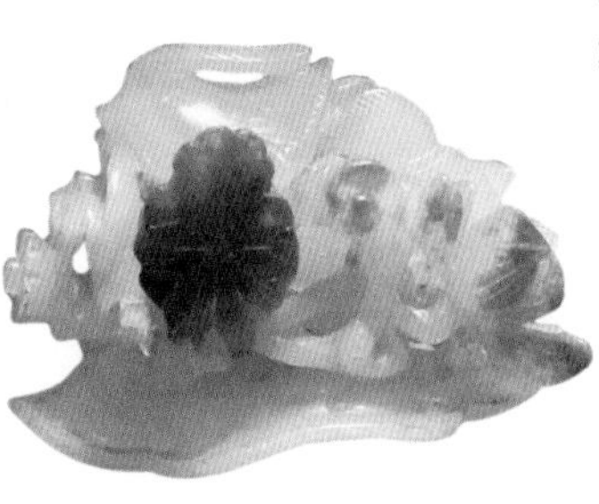

三一七五：一
鸳鸯荷叶白玉雕
扬州市文物商店藏

❶此为扬州博物馆参观所见并摄影，器物说明云『扬州市文物商店提供』。❷南京博物院藏品为参观所摄。❸王正书《『炉顶』『帽顶』辨识》，《中国隋唐至清代玉器学术研讨会论文集》，页二七八，上海古籍出版社二〇〇二年。

一、关于玉雕帽顶的文献记载。帽端装饰珠宝乃元代风习，其时编纂的汉语识字读本《朴通事》和《老乞大》都曾提到。《朴通事谚解》卷上形容一个舍人打扮的，说他头上戴着『江西十分上等真结综帽儿，上缀着上等玲珑羊脂玉顶儿，又是个鹚鹕翎儿』。玲珑玉，自然是透雕，其下当有用作嵌玉的座儿，只是这里把它略去。同书卷下：『你看我这帽顶子，帐房门上磕着，塌了半边，颜色也都消了，你就馈我掠饬，我不算工钱，多多的赏你。』这一节说的都是金银加工，此磕塌了半边的帽顶子，自然也是金银之属。近年韩国发现的原刊《老乞大》对各式帽顶形容得最细，并且全用着当日的口语：『头上戴的帽子，好水獭毛毡儿，貂鼠皮簷儿，琥珀珠儿西番莲金顶子，这般一个帽子结裹二十锭钞。又有单挑牛尾笠子，玉珠儿羊脂玉顶子，这般笠子通结裹三十锭钞有。又有裁帛暗花纻丝帽儿，云南毡海青帽儿，青毡钵笠儿，又有貂鼠簷儿皮帽，上头都有金顶子，又有红玛瑙珠儿。』

二、帽顶形制究竟如何。前引文献对此已作出解释，即虽笼统称作帽顶，其实它本由两部分组成：其一为宝，即帽珠，亦即这里说的各式珠儿，当然也包括玉珠儿；其一为嵌宝之托，即帽顶，亦即这里说的各式顶子。此式在传世的元代帝王画像中表现得十分清楚〔图三—七六〕。明

三—七五：二
青玉花鸟炉顶
南京博物院藏

代沿用此制，且在舆服制度中作出明确规定。《明史》卷六十七《舆服三》曰：凡职官，一品、二品『帽顶、帽珠用玉』；三品至五品，『帽顶用金，帽珠除玉外，随所用』；六品至九品，『帽顶用银，帽珠玛瑙、水晶、香木』；『庶人帽，不得用顶，帽珠止许水晶、香木』。江苏无锡元钱裕墓出土的玉器中，有一件白玉制作的半圆形饰，高三点五、宽五点一、厚二点五厘米，素面抛光，椭圆形的底上有一对象鼻穿，研究者推测它为帽顶❶〔图三—七七〕，应可据，也不妨说它原是嵌在帽顶托座上的玉珠儿。形制更为明确的例子见于湖北钟祥明梁庄王墓，据称墓中发现『冠顶』共六件，《简报》揭载的两件均出在王的棺床之上，一件编号为『棺：二八』，一件编号为『棺：三三』。『棺：二八』是一个金制的仰覆莲座，莲瓣上嵌着红蓝宝石，莲座顶端穿出一根金丝，上系一颗橄榄形的无色蓝宝，通高七点五厘米，直径四点八厘米，重七十六点七克。『棺：三三』则是一个椭圆形的仰覆莲金座，莲瓣上也镶嵌各色宝石，莲座里却是一个龙穿云的玲珑玉顶，通高六点三厘米，重八十五克。两件冠顶都有沿着莲花座缘的小穿孔，前者十，后者八❷。《简报》对此作出两个推测，一是帽饰，一是其他器物的附件。自以前者为是。当然更确切的名称，应作『帽顶』。纪录严嵩抄没资财的《天水冰山录》中有『帽

❶徐琳《元钱裕墓出土部分玉器研究》，《中国隋唐至清代玉器学术研讨会论文集》，页二九九。器藏无锡博物院，本篇用图为参观所摄。❷湖北省文物考古研究所《湖北钟祥明代梁庄王墓发掘简报》，页一五图二九，封三图一，《文物》二〇〇三年第五期。

三—七六
元成宗像
台北故宫博物院藏

顶』一项，所谓『金厢珠宝帽顶』，『金厢玉帽顶』，便是此类。它在元代应该称作『七宝帽顶』，见《元史》卷二十四《仁宗本纪一》。梁庄王墓属明代前期墓葬，所出两种类型的帽顶，即金镶珠宝帽顶和金镶玉帽顶，与元明文献均可对应，正是很好的实例〔图三-七八：一~二〕。可知帽顶既可以用珠，也不妨饰玉。

不过明代中期以后帽端装饰珠宝的制度似逐渐不行，以至于到了明代晚期，帽珠竟与帽顶分离而移作他用。《金瓶梅词话》第二十回曰李瓶儿『拿出一件金厢鸦青帽顶子，说是过世老公公的，起下来上等子秤，四钱八分重』，于是『教西门庆拿与银匠，替他做一对坠子』。所谓『起

三-七七
白玉饰
无锡元钱裕墓出土

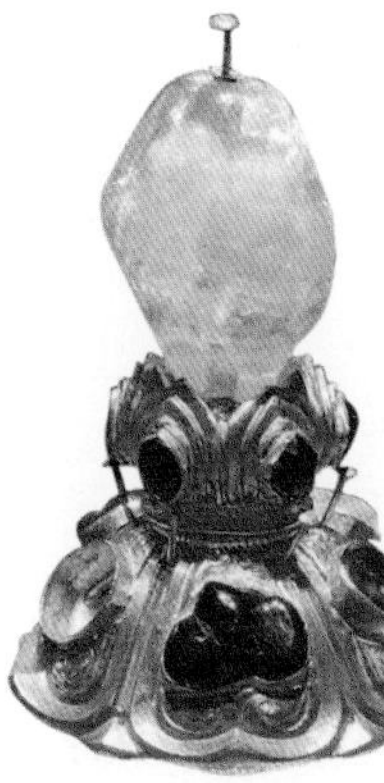

三-七八：一
金镶无色蓝宝帽顶
明梁庄王墓出土

三-七八：二
金镶玉帽顶
明梁庄王墓出土

下来』，自然是从帽顶金制的托座上起下来，『上等子秤』的，不必说便是那作为帽珠的鸦青石。至于嵌玉的帽顶，可由明沈德符《万历野获编》卷二十六中得其大概：『近又珍玉帽顶，其大有至三寸，高有至四寸者，价比三十年前加十倍，以其可作鼎彝盖上嵌饰也。问之，皆曰此宋制，又有云宋人尚未办此，必唐物也，竟不晓此乃故元时物。元时除朝会后，王公贵人俱载大帽，视其顶之花样为等威。尝见有九龙而一龙正面者，则元主所自御也。当时俱西域国手所作，至贵者值数千金。』元代及明前期的玉帽顶被后人用作炉顶起初也许是偶然，不过，认清其原始，并了解香具在不同时代的若干变化以及炉顶出现的原因，便可知它的成为风气，并不在情理之外。至于装饰题材乃至造型都颇多相似的小型透雕玉饰，究竟何为帽顶，何为炉顶，并且时代的分别究竟如何，则须从碾琢工艺及图案安排的诸多细节去认真考虑，此又当别论。

印香與印香爐

印香也称作香印，又或称香篆、篆香，最初是用在寺院里诵经计时，即用香末缭绕作文，以它点燃后连绵不断的焚烧来计算时辰。敦煌文书中的《唐咸通十四年正月四日沙州某寺交割常住物等点检历》（伯·二六一三）录有『木著漆香印壹』，又《辛未年正月六日沙州净土寺沙弥善胜领得历》（伯·三六三八）有『方香印壹，团香印壹』，所记应即制作香印的印模。宋洪刍《香谱》『香篆』条云：『镂木以为之范，香尘为篆文。』又『百刻香』条：『近世尚奇者作香篆，其文准十二辰，分一百刻，凡燃一昼夜已。』香篆因此又有『无声漏』之名。

唐代香篆其实已经很流行，元稹《和友封题开善寺十韵》『灯笼青焰短，香印白灰销』[1]，即咏其事，不过这里说的仍是佛寺里的情景。又有一种梵字香，唐诗『香字消芝印，金经发茝函』[2]，『翻了西天偈，烧余梵字香』[3]，所谓『香字』与『梵字』，也是香印一种，即把香做成梵文种子字，比如阿弥陀种子字之形，然后设坛焚香，于是可参佛法。不过俗界普遍用着的篆香实以计时为主，或者计时也不必，只是遣闷而已。王建《香印》：『闲坐烧香印，满户松柏气。火尽转分明，青苔碑上字。』[4]末句指香印余烬的字迹分明，却不必是梵字。此诗其实与诵经礼佛皆无关，『闲坐』二字便说得很好，这该是最宜士人的焚香心境。

[1]《全唐诗》，册一二，页四五四一，中华书局一九六〇年。[2]段成式、张希复《僧房联句》，此希复句，《全唐诗》，册二二，页八九二一。[3]《赠诸上人联句》，此成式句，《唐诗纪事》卷五十七；《全唐诗》卷七九二作『梵宇香』（册二二，页八九二四），似非。[4]《全唐诗》，册九，页三四二一。

至南宋许棐『旋收落叶供茶爨，细捣枯花作印香』❶，则依然一份闲情盘桓其内也。

不论回旋刻时还是缭绕作字，香模的制作总要有很多设计的巧妙，即须使它无论怎样徘徊旋转而都能够焚烧不断。香篆燃尽，其文却仍以灰存，它残留着『生』的美丽实在又已死灭，对此作冷看作热看，作无情看作有情看，其中的感悟自然因人因事因时而异。比如南宋华岳的《香篆》：『轻覆雕盘一击开，星星微火自徘徊。还同物理人间事，历尽崎岖心始灰。』❷又释居简的同题之作：『明明印板脱将来，簇巧攒花引麝煤。不向死灰然活火，此中一线若为开。』❸还可以举出元人乔吉的《凭栏人·香篆》：『一点雕盘萤度秋，半缕宫奁云弄愁。情缘不到头，寸心灰未休。』❹这里面都有着很好的意思，说是对人情对人生的态度也可以。托名陶谷的《清异录》卷下『薰燎』之部『曲水香』条：『用香末布篆文木范中，急覆之，是为曲水香。』这布香末与『急覆之』，怕是很要讲求些技术，华岳诗曰『轻覆』，曰『一击』，正是摄其奥妙处，又南宋释绍昙《禅房十事·香印》『要识分明古篆，一槌打得完全』❺，也是道着出脱篆模的要领，只是『急覆』『一击』，而又出脱得『完全』，这里究竟须要怎样的巧劲儿我们无法知道得更加清楚，难怪两宋的『打香

❶《数椽》，北京大学古文献研究所《全宋诗》，册五九，页三六八五三，北京大学出版社一九九八年。❷《全宋诗》，册五五，页三四四二三。❸《全宋诗》，册五三，页三三二六一。❹《乔吉集》，页二七六，山西人民出版社一九八八年。❺《全宋诗》，册六五，页四〇八一六。

印』要作为专门的技艺，吴自牧《梦粱录》卷十三『诸色杂货』条『供香印盘者，各管定铺席人家，每日印香而去，遇月支请香钱而已』，即其事例之一❶。南宋日用小百科《碎金》的《艺业篇》中『工匠』条下也有着『打香印』的名目❷。元代亦然。香印或曰香篆模子的『簇巧攒花』原须制作得精细，材质或乌木或花梨，讲究者更用着象牙，一套十个，必求工致，『镂花香印』便差不多成了工艺品，也因此成就了不少巧匠，如东京的罗昇和戚顺，说见南宋《百宝总珍集》卷八『香印』条和元戚辅之的《佩楚轩客谈》❸。

明代的焚篆香，有了一种容易操作的办法。高濂《遵生八笺》卷八《安乐起居笺下》列出香印四具（图四—一），然后解释道：『四印如式。印傍铸有边阑提耳，随炉大小取用。先将炉灰筑实，平正光整，将印置于灰上，以香末锹入印面，随以香锹筑实，空处多余香末细细锹起，无少零落，用手提起香印，香字以落炉中，若稍欠缺，以香末补之，焚烧可以永日。』所谓『锹』，便是『炉瓶三事』中插在匙箸瓶里的香匙。香匙匙叶椭圆而扁平，常常制作得小巧可爱，用来摆布香篆自然得心应手，而这里所用的篆模竟是一个镂出篆文的透空架子而无须加底，则『覆』与『击』皆不必了，止须把篆模放在香炉中先已铺平筑实的香

❶又宋洪迈《夷坚三志·壬》卷六《蒋二白衣社》一则曰，『鄱阳少年稍有慧性者，好相结诵经持忏，作僧家事业，率十人为一社，遇人家吉凶福愿，则偕往建道场，斋戒梵呗，鸣铙击鼓。起初夜，尽四更乃散，一切如僧仪，各务精诚，又无捐丐施与之费，虽非同社，而投书邀请者亦赴之。一邦之内，实繁有徒，多著皂衫，乃名为白衣会。市居百姓蒋二，盖其尤者，寻常装造印香贩售以瞻生』（页一五一二，中华书局一九八一年）。❷全称为《重编详备碎金》（南宋张云翼编），《天理大学图书馆善本丛书·汉籍之部》第六卷，天理大学出版社影印本，一九八一年。❸《百宝总珍集》『香印』条：『罗昇戚顺雕者最好，大香印往日使马王并赵彦雕者最好。香印每一套计十个。』『象牙者别立价例。』《佩楚轩客谈》云，东京戚顺所作镂花香印极其瑰异，嗣后罗昇、使马王效之，亦工致。

灰上面，然后用合好的香末把模子细细填实，最后拎起篆模边阑的提耳，模子脱出，一个完整的香篆便留在香炉中。若求『提起』的时候便于出脱，香末中酌量添加杏仁粉便好，见陈敬《香谱》卷二『定州公库印香条』，这是制作印香由宋及明一贯如此的。

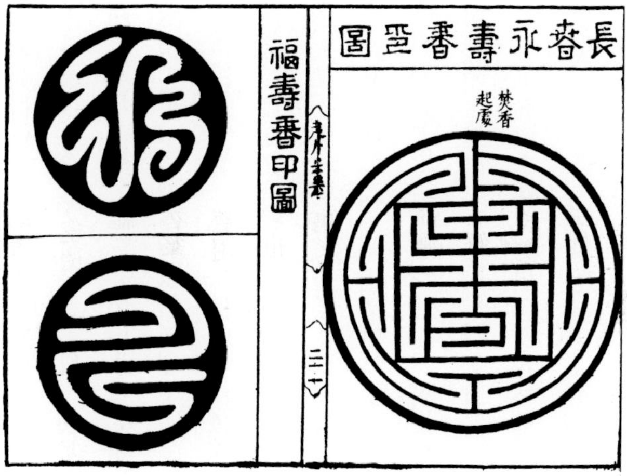

四—一
香印图
《遵生八笺》所录

为着出脱香印的方便，焚篆香的器具似以盘形的香炉为宜。刘攽《中山诗话》：『京师人货香印者，皆击铁盘以示众人。父老云，以国初香印字逼近太祖讳，故托物默喻。』则盘为其『物』也。苏子由生日，东坡赠以新合印香并银篆盘一具❶；宋刘子翚《次韵六四叔村居即事十二绝》句云『午梦不知缘底破，篆烟烧遍一盘香』❷，也是一例。明代依然。朱之蕃《印香盘》：『不听更漏向谯楼，自剖玄机贮案头。炉面匀铺香粉细，屏间时有篆烟浮。回环恍若周天象，节次同符五更筹。清梦觉来知候改，褰帷星火照吟眸。』❸《遵生八笺》卷十四《燕闲清赏笺上》说到有一种鋄金香盘，『口面四傍坐以四兽，上用凿花透空罩盖，用烧印香，雅有幽致』。湖北武昌龙泉山明楚昭王墓出土一件铜炉，炉身是一个宽平折沿的平底浅盘，底径六厘米，上面一个镂空雕出各式花枝的半球形盖，炉与盖通高不过五厘米多一点❹〔图四—二〕。精巧虽不及高氏所云，形制则无大别，那么它正是适合用来烧印香的香炉。

❶苏轼《子由生日，以檀香观音像及新合印香银篆盘为寿》句云：『一灯如萤起微焚，何时度尽缪篆纹。缭绕无穷合复分，绵绵浮空散氤氲，东坡持是寿卯君。』《全宋诗》，册一四，页九四九三。❷《全宋诗》，册三四，页二一四五五。❸《佩文斋咏物诗选》卷二二〇。❹湖北省文物研究所等《武昌龙泉山明代楚昭王墓发掘简报》，页一一，图一二，《文物》二〇〇三年第二期。

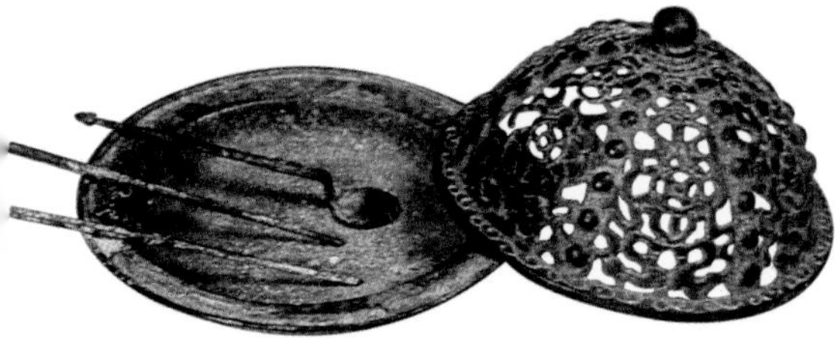

四—二
铜炉（印香盘）
武昌龙泉山
明楚昭王墓出土

台北故宫博物院藏一件清代铜香盘，也是平底宽折沿的浅盘，不过略呈椭圆，盘底下边四个云头足，盘心的长方框里一首乾隆『御制香盘词』，方框四角装饰四组西番莲。词曰：『竖可穷三界，横将遍十方。一微尘里，法轮王，香参来，鼻观忘。篆烟上，好结就卍字光。』此盘自然是焚燃篆香之器❶（图四一三）。

能够确指为篆香炉的实物似乎很少，它的制作大约鲜有惊人之笔，至少缺乏一种别具一格的特征，即如贴了标签一般教人一眼认得出，因此很久以来都不曾引人注目。直到晚清，南通丁月湖独标新颖，勒改旧观，设计出一种芸香炉也称印香炉专用作焚篆香，印香和印香炉的精雅，方臻于极致。

月湖名沄，生在一八二九年，一生不求仕进，而『博涉经史，善诗古文辞，多能艺事，尤以书画擅名』（《印香图谱》潘逢泰序），晚年隐于南通州石港卖鱼湾。印香炉的设计，却是完成在他一生中的最后几年，而且是一个很偶然的机会。《印香图谱》施允升序，曰他少月湖二十岁，而与月湖朝夕过从，成忘年交，『丙子春，偶与讌谈，以时有印香炉粗陋不可供幽赏，思欲别开生面。先生闻言，即默然凝想，若有所得，次日出一图见示，花样崭新，已大喜其精辟，先生弥复心摹手画，愈出愈

❶陈擎光《故宫历代香具图录》，图九三，台北故宫博物院一九九四年。

四一三
铜香盘
台北故宫博物院藏

奇。次第授攻金之徒，陶之冶之，椎之凿之，遂成雅制』。丙子为光绪二年，即一八七六年。后来月湖把他设计的香炉与香模编定为图谱一册，其中收有光绪五年之作，而月湖之殁，即在五年冬❶。

月湖印香炉把炉分作方便打开与合拢的数层，最下一层置放小工具如香铲之类，中有一层存放香料，制作和焚燃篆香则又在其上，这一层里总是备好香灰的。篆香的制作一如高濂所述，当然此际最不可少的是一枚造型别致的印香模，它的式样与炉一致，秋叶，海棠，菱花，如意，其形多至百余种。印香炉里填好香灰，再用一枚与炉形状一样的小板把香灰压实——小板本来是印香炉的一层，其上有一个小小的提系。拿开小板，在香灰上面轻轻放下两端也有细巧提系的印香模，填实香末，提起模子，点燃香篆，把透雕成各式图案的炉盖盖好，香烟便从炉盖的镂空处徐徐散出❷〔图四—四：一～二〕。

月湖印香炉的设计巧思在于把焚香所用的各式香具聚拢在一处，安排得紧凑而和谐，又特别把印香模的设计同炉的式样考虑为一个整体，二者且配合得妥帖。比如竹报平安炉，嵌空玲珑的一片风竹作炉盖，香模便用着『虚心』二字表出竹的品质。炉盖镂作一卷书，香模便是篆文『开卷有益』。炉盖镂花作寒梅，花瓣镌出『管领春风第一枝』，与它呼

❶此均据《印香图谱》，《图谱》复印本得自南通博物苑金艳同道之惠；本篇所举南通博物苑藏品，皆为参观所摄。❷清葫芦式印香炉，高四点七、最长十二点四厘米；清如意式印香炉，高六点六、长二十八点九厘米。

四—四：一
月湖制葫芦式印香炉及部件
南通博物苑藏

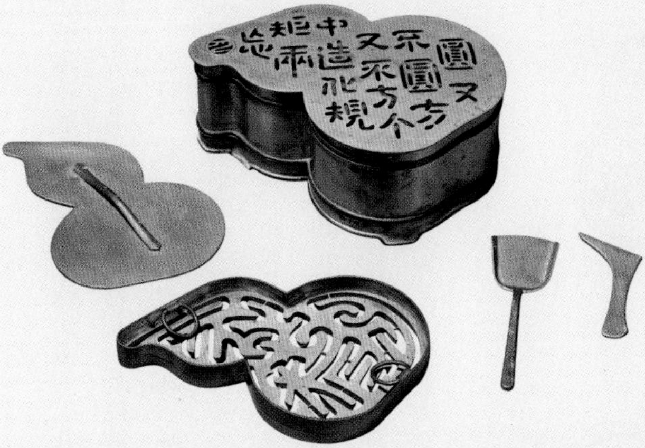

四—四：二
月湖制如意式印香炉
南通博物苑藏

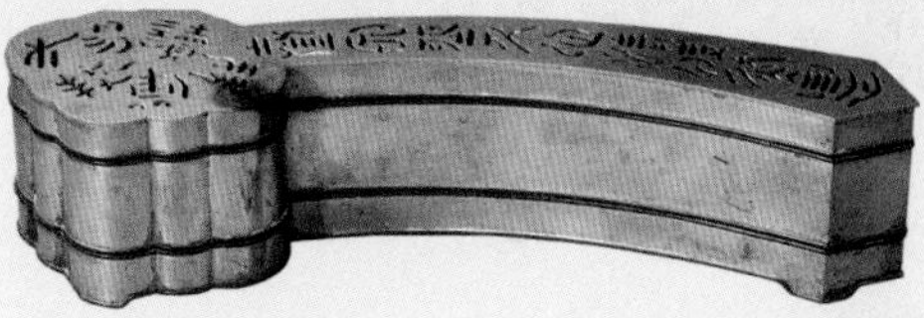

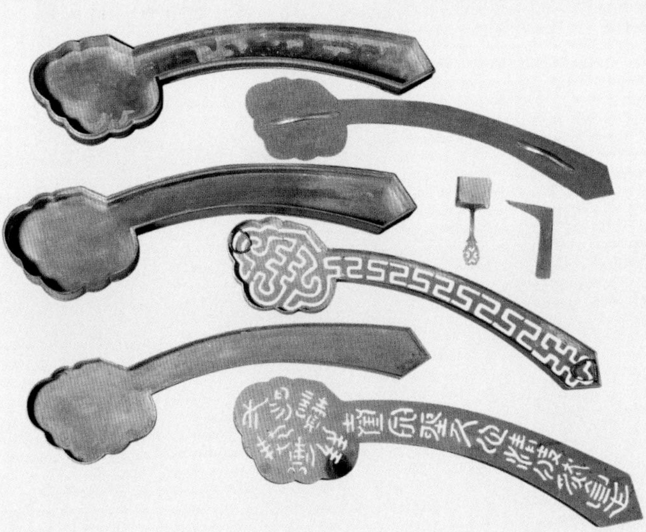

部件

应的梅花形香模便是双钩出来的『几生修得到梅花』：由『几』字起燃，至中心处的梅花花心，恰是『功德圆满』〔图四—五〕。

又有一款，炉盖镂空作连环，环里各撑一张细细的蛛网，网心里一只喜蛛，取其谐音则喜连环也，也不妨说是珠联璧合，香模便作『颠倒鸳鸯』〔图四—六〕。炉作琴式，盖镌『但识琴中趣，何劳弦上声』，香模则『芳心自同』。不过虽有诸多新异，印香模的制作依然是以文路的连绵不断为要旨。『竟体皆芳，中肠独热，百转千回，持心惟一』，《图谱》自序把它形容得语义双关，更教人会得其中意趣。

四—五
印香炉图谱

四—六 印香炉图谱

月湖既精于书画篆刻，则秦汉瓦当，鸟虫书，九叠篆，不必说是烂熟于心，化用其神以运巧思自然左右逢源，所谓『一生学问，尽寄图中』（《印香图谱》齐学裘序），说得很是恰当。精雅的印香炉与书斋几案上的闲章，几笏好墨的图案与文字，都是很合式的搭配，其实印香炉的设计从闲章意韵与墨中趣味得到的灵感恐怕很不少，印香炉又名芸香炉，本来也是切着芸窗书室之意，古所谓『芸编』『芸窗』，取意皆在香气可以杀蠹鱼的芸香❶，芸香炉之命名，也在于标明它的文房雅品的身分，与所焚之香却是无关。

❶芸香，沈括《梦溪笔谈》卷三：『古人藏书辟蠹用芸。芸，香草也，今人谓之七里香者是也。叶类豌豆，作小丛生，其叶极芬香，秋间（一作秋后）叶间微白如粉污，辟蠹殊验。』此芸香乃芸香科芸香属，原产南欧，与《礼记》中说到的『芸』不同，彼『芸』却是禾本科的芸香草，原产中土。二者皆可杀蠹鱼。至于明清时候合香所用的所谓『芸香』，则是属于树脂香料的枫香，亦即白胶香，与这两种芸香皆非一事。

印香的配制，洪刍《香谱》载录两则，明周嘉胄《香乘》卷二十一『印篆诸香』录有多款。看它使用的原料，知与一般合香大体相同。如《香乘》所录『宝篆香』：『沉香一两。丁香皮一两。藿香叶一两。夹栈香二两。甘松半两。零陵香半两。甘草半两。甲香半两，制。紫檀三两，制。焰硝三分。右为末和匀，作印时旋加脑、麝各少许。』这里的焰硝，是用作助燃。脑即龙脑，麝即麝香，其与制过的甲香皆用作聚香与定香。丁月湖也有自己的印香方，但未知其详。月湖之后，有乡人张峡亭别号悼棠者，乃清末秀才，曾到石港，留下凭吊月湖的诗作。他有一份『悼棠自拟印香方』，曰：『母丁香，二两半；芸香，两半；安息香，壹两；白檀香，壹两；降真香，壹两；黄速香，五钱（红枣煮晒干研）；排草，壹两；红枣，三十个去核；甘松，五钱。上药共研极细末，晒干，勿用火炒，用细筛过去，分量不可增减。』[1]此方与《香乘》所录诸方没有太多差别，道理也是相同。这里的芸香应即白胶香，它与安息香均用作聚香和定香；黄速香，沉香之次者，它与白檀、降真在此方中皆为构成主体香韵的香料；排草即零陵香，其与甘松和母丁香便是用作调和与修饰。

[1] 此方以及关于张峡亭之种种，亦得自金艳君之示。

宋人的沉香 ❶

一 水沉与海南沉

中土文献提到沉香，东汉杨孚的《交州异物志》或属最早。《志》曰：『蜜香，欲取先断其根，经年，外皮烂，中心及节坚黑者，置水中则沉，是谓沉香，次有置水中不沉与水面平者，名栈香，其最小粗者，名曰椠香。』[2]稍后于此，三国吴人万震的《南州异物志》中说到『木香』，与杨氏的叙述大抵相同，惟『最小粗者』，作『最小粗白者』[3]。二氏之所谓蜜香与木香，均指瑞香科的沉香[4]，当时只产于今东南亚一带。经年老树受到伤害后，某种真菌侵入，于是薄壁组织细胞内贮存的淀粉等物质发生一系列化学变化，最后结成香脂，便成为外皮朽烂而心部富含香脂之材〔图五—一～五〕。结香的过程很长久，十几年，几十年，总是久而坚劲，而质重，色则愈黑，入水即沉，因名沉香，列在一等。所谓『最小粗白者』，粗，质也，白，木也，白多黑少，则木多脂少，因此又次于心白间半的栈香，而列在第三等。此中尚有所谓『生结』与『熟结』之别，熟结乃天然形成，人力无与，生结则经人工，『欲取先断其根』云云，是也[5]。南宋开始出现在文献中的加南香，后又称伽阑木或茄蓝木、奇南香或伽南香[6]，也是沉香的一种，油性足，质重而性糯。旧说

[1]本篇以及所附之《浅识》中的苏合、素馨、茉莉、酸橙、檀香、降香、丁香、广藿香、灵香草、艾纳、龙涎、安息香，均取自罗献瑞等《实用中草药彩色图集》，广东科技出版社一九九二年；龙脑块、冰片、麝香，均取自刘良佑《灵台沉香》，二〇〇〇年作者自印本。海南沉香、富森红土沉、乳香，系近年各地访香承友人所惠。按此与古人所云之种种未必有直接而准确的对应，仅作为参考而已。[2]唐段公路《北户录》卷三『香皮纸』条引。异域香料传入中土，其早期的各种文献记载中颇有不易辨识的异辞，缪启愉等《汉魏六朝岭南植物『志录』辑释》（农业出版社一九九〇年）对此疏理惬当，本文的叙述，即以它的意见作为重要参考材料之一。[3]唐释道世《法苑珠林》卷四十九『华香篇』引。[4]学名『Aquilaria agallocha Roxb』。[5]丁谓《天香传》：『生结香者，取不候其成，非自然者也。生结沉香，与栈香等；生结栈香，品与黄熟等；生结黄熟，品之下也。』『琼管皆深峒，黎人非时不妄剪伐，故树无夭折之患，得必皆异香，曰熟香，曰脱落香，皆是自然成者。』此是宋人论海南沉。若进口沉香，《诸番志》卷下『沉香』条，『香之大概，生结者为上，熟脱者次之』，（注转下页）

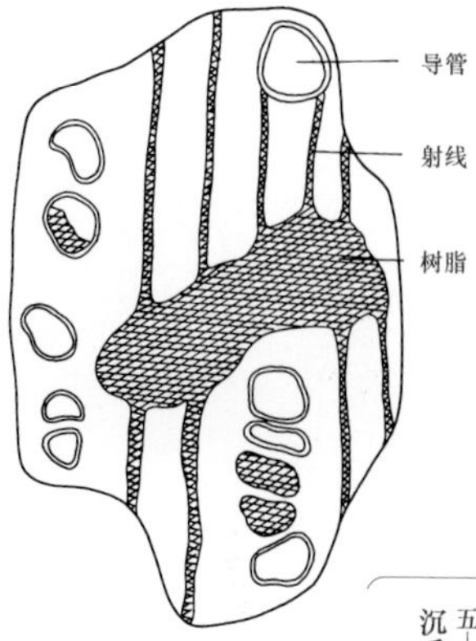

五—一 沉香之结香

五—二 沉香植株

五—三 黄熟香 日本奈良正仓院藏

『一说其香生结成以刀修出者为生结沉，自然脱落者为熟沉』。清代莞香为盛，即所谓『昔之香生于天者已尽，幸而东莞以人力补之』（屈大均《广东新语》卷二十六）。莞香也有生结，《新语》：『生结者，香头之下，间有隙穴，为日月之光所射，霜露之华所渍，日久结成胎块，其质不朽，而与土生气相接者，是为生结。』与宋人之论沉香，名同实异。[6]《宋会要辑稿》：乾道三年十月一日，福建路市舶司言，本土纲首陈应等昨至占城蕃，蕃首称欲遣使入贡，所拟贡物中有『加南香三百一斤』（第八册，页七八六四）。以后有周密《武林旧事》卷三『禁中纳凉』条称伽兰木，《陈氏香谱》卷一称伽阑木，元汪大渊《岛夷志略》『占城』与『宾童龙』条称『茄蓝木』，明人则称奇楠香（张燮《东西洋考》卷一『交阯条）、奇南香（严从简《殊域周咨录》卷七『占城』条）或伽南香（文震亨《长物志》卷十二）。伽南香出占城，即今越南中部一带，明徐树丕《识小录》三『伽南香』条：『伽南香，一名奇南木，本草不载，惟占城有之。』（《识小录》成书在明亡之后）出海南者，曰土伽南，清张渠《粤东闻见录》卷下『海南香』条：『琼州亦有土伽南，盖即油速之属。』

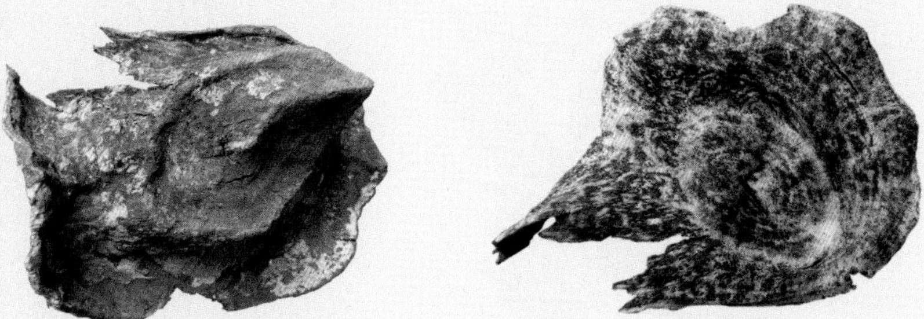

五—四
海南沉香

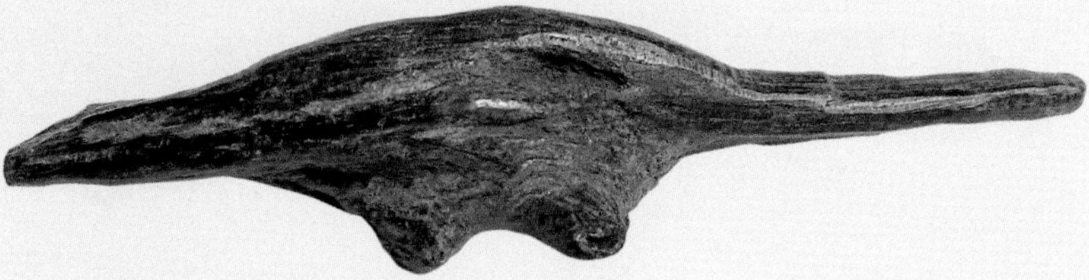

五—五
富森红土沉

它的成因是『香木枝柯窍露者，木立死而本存者，气性皆温，为大蚁所穴，蚁食石蜜，归而遗于香中，岁久渐渍，木受蜜气，结而坚润，则香成』❶。明人论沉香，以此为最❷。同属瑞香科的还有一种白木香❸，产于今海南和两广。它差不多与沉香同时被人认识。作于三国两晋间的《异物志》说到『出日南国』的沉香，也说到『木蜜香』：『木蜜香，名曰香树，生千岁，根本甚大。先伐殭之，四五岁乃往看，岁月久，树材恶者腐败，唯中节坚贞，芬香独在耳。』❹与出自日南国的沉香对举，这里的木蜜香，应指土沉香，宋齐间人沈怀远作《南越志》，曰『盆元县利山，上多香林』❺。盆元，乃盆允之误。盆允县，东晋置，在今广东新会。这里说的也是土沉香。白木香出在海南者最为有名，因又称之为海南沉，这是宋人所钟爱的沉香❻。

南北朝时期沉香已经入药，成书于此际的《雷公炮炙论》说：『沉香，凡使须要不枯者，如觜角硬重沉于水下为上也；半沉者次也。夫入丸散中用，须候众药出，即入拌和用之。』❼作为香料，它也被这时候的合香家引入香方。《宋书》卷六十九《范晔传》录有晔撰《和香方序》，其评说香料的品类与性能，所举便有沉香，即所谓『沉实易和，盈斤无伤』。同时代咏及沉香的名篇是清商曲辞《读曲歌》中的一首：『暂出

❶明黄衷《海语》卷中『伽南香』条。此说多被此后的明清著作引用。❷徐树丕《识小录》『伽南香』条云伽南之优者『价倍白银』。台湾刘良佑著有一部《灵台沉香》，系自行印制，自行出版，据作者说，本世纪初年曾亲走越南访求棋楠香，收在书里不同品级的沉香即此行所得。其时之市价，极品棋楠每千克约值美金七万元。棋楠香者，伽南香也。❸学名『Aquilaria sinensis Gilg』。❹《法苑珠林》卷四十九『华香篇』引。原文『岁乃往看』衍一句，『树材』作『树根』，据《太平御览》卷九八二『木蜜』条改。❺《初学记》卷八『岭南道』引。❻以海南沉需求量大而常致患海南，则成其弊。《续资治通鉴长编》卷三一〇录神宗元丰三年朱初平等奏：『每年省司下出香四州军买香，而四州军在海外，官吏并不据时估实直，沉香每两只支钱一百三十文。既不可买，即以等料配香户，下至僧道、乐人、画匠之类，无不及者。官中催买既急，香价遂致踊贵，每两多者一贯，下者七八百。受纳者既多取斤重，又加以息耗，及发纳入桂州交纳，赔费率常用倍，而官吏因缘私买者，不在此数，以故民多破产，海南大患无甚于此。』此北宋时情景。又李光《海外谣》前小序云：（注转下页）

白门前，杨柳可藏乌。欢作沉水香，侬作博山炉』❶。不过这时候合香所用，仍以霍香、零陵香、甘松、郁金、艾纳、苏合、安息、麝香为多，即如《和香方序》所举。屡被诗人咏及的百和香，亦以郁金、苏合、都梁为要❷。苏合即主产于西亚的苏合香树的树脂，属金缕梅科，其外皮一旦被创，树脂便会慢慢渗出到表面，历经三五个月，割下树皮，榨取浸润其中的树脂，即成苏合香〔图五—六〕，陶隐居说它『不复入药，惟供合好香尔』❸。苏合香虽然东汉即已传入中土❹，但它自西而来，路途遥遥，总不免带着远方的神秘与新鲜，其时便常常成为诗作中的好字面。梁简文帝萧纲《药名诗》『烛映合欢被，帷飘苏合香』❺，傅玄《拟四愁诗》『佳人贻我苏合香，何以要之翠鸳鸯』❻，而『我所思』的这一位佳人，便是远在经悬度过弱水的昆山。

五—六
苏合香

『琼、崖、儋、万四州，限在海外，地里险远，输赋科徭率不以法，所出沉香翠羽怪珍之物，征取无艺，百姓无所赴诉，不胜其忿，则相煽剽夺。岁在己巳，盗起琼山，旁郡不禀约束，第阴拱以观其变。经略司亟遣官弁将士且招且捕，凡逾时，始以次歼灭。明年春三月，渠魁授首，而紫罗诸村焚荡一空。虽足以惩戒后来，然致寇之因实缘赃吏。予惧叛民虽熄而赃吏愈炽，因摭其起事之因，作《海外谣》一篇，庶几采诗者达之诸司，稍更旧法，精择廉吏，使吾赤子咸被恩泽，不甚幸欤。』（北京大学古文献研究所《全宋诗》，册二五，页一六三九一，北京大学出版社一九九五年）这是南宋时情景，此所谓『己巳』，为绍兴十九年。❼《证类本草》卷十二『沉香』条引。

❶《乐府诗集》卷四十六《清商曲辞三》。❷吴均《行路难》『博山炉中百和香，郁金苏合及都梁』，逯钦立《先秦汉魏晋南北朝诗》，中册，页一七二九，中华书局一九八三年。❸《证类本草》卷十二『苏合香』条。❹《太平御览》卷九八二『苏合』条：『班固与弟超书曰：窦侍中令载杂綵七百匹，市月氏苏合香。』❺《先秦汉魏晋南北朝诗》，下册，页一九五〇。❻《先秦汉魏晋南北朝诗》，上册，页五七四。

沉香在唐代已经可以说是引人注目。土产的白木香作为土贡，唐代也已列入制度。《唐六典》卷二十『右藏署』条记述职掌，『杂物州土』中列有『广府之沉香』。《旧唐书》卷一〇五《韦坚传》曰天宝元年，坚于长安城东望春楼下穿广运潭以通舟楫，取小斛底船三二百只置于潭侧，外郡进土物，其船则署牌表之，若南海郡船，便表以瑇瑁、真珠、象牙、沉香。不过白木香和沉香，当时对此区分得尚不是十分清楚，即便是本草书。苏敬《唐本草》注：『沉香、青桂、鸡骨、马蹄、煎香等同是一树，叶似橘叶，花白，子似槟榔，大如桑椹，紫色而味辛，树皮青色，木似榉柳。』陈藏器《本草拾遗》：『沉香，枝叶并似椿，苏云如橘，恐未是也。其枝节不朽，最紧实者为沉香，浮者为煎香，以次形如鸡骨者为鸡骨香，如马蹄者为马蹄香，细枝未烂紧实者为青桂香。其马蹄、鸡骨，只是煎香。』❶这里意见的分歧，或在于二人见到的香木本来不同，苏敬所谓『叶似橘』者，乃沉香，陈藏器疑其非，而曰『枝叶并似椿』，实为白木香。

海南香的为世所重是在宋代。仁宗时丁谓作《天香传》，于海南香的叙述至为详尽。其时他贬官崖州司户参军，实地访察，所见所闻自然亲切，举凡结香始末，采香时地，又品类名称之细微，转贩贸易之委曲，

❶《证类本草》卷十二『沉香』条。

皆有特识。苏颂《本草图经》『沉香』条曰『此香之奇异，最多品，故相丁谓在海南作《天香传》，言之尽矣』，而颇引述其说❶。这里所谓『多品』，也是宋代才有的情景，此际以用量大增而交易过程中不能不有细致的区别。《天香传》云『贵重沉栈香，与黄金同价』，而『余杭市香之家有万斤黄熟者，得真栈百斤，则为希矣；百斤真栈，得上等沉香数十斤，亦为难矣』❷。这里说到的黄熟，即『质轻而散，理疏以粗』者，属沉香之下品，它与前引《南州异物志》之所谓『最小粗白者』，约略相当。沉香之优等，又分作若干品目，最常用到的两种，一曰黑角沉，一曰黄蜡沉。黑角沉，《天香传》说它『如乌文木之色而泽，更取其坚格，是美之至也』。黄蜡沉，『其表如蜡，少刮削之，黳紫相半，乌文格之次也』❸。次于角沉、黄蜡而优于黄熟的栈香，也有多品，其实宋代的焚香原以这一类栈香用到的最多。对沉香的品鉴之精，则首推范成大《桂海虞衡志》中的《志香》一篇。宋叶寘《坦斋笔衡》曰『范致能平生酷爱水沉香，有精鉴』，石湖之精鉴便正显露在《志香》，它因此也成为品鉴沉香的经典。成书稍后于此的周去非《岭外代答》记『岭外』事远较范《志》为详，但其《香门》一卷却泰半取自《志香》，而宋代的沉香及香事中的种种趣味和好尚，述之近实与纤悉者也可说舍此无他。其略云：

❶《证类本草》卷十二『沉香』条。❷《香乘》卷二十八引。❸又寇宗奭《本草衍义》：『沉之良者，惟在琼、崖等州，俗谓之角沉。』『亦有削之自卷，咀之柔韧者，谓之黄蜡沉。』（《证类本草》卷十二『沉香』条引）

沉水香，上品出海南黎峒，亦名土沉香，少大块。其次如茧栗角，如附子，如芝菌，如茅竹叶者，皆佳。至轻薄如纸者，入水亦沉。

香之节因久蛰土中，滋液下流，结而为香。采时香面悉在下，其背带木性者乃出土上。环岛四郡界皆有之，悉冠诸蕃所出，又以出万安者为最胜。说者谓万安山在岛正东，钟朝阳之气，香尤醖藉丰美。

大抵海南香气皆清淑，如莲花、梅英、鹅梨、蜜脾之类，焚一博投许，氛翳弥室，翻之四面悉香，至煤烬气亦不焦，此海南香之辨也。

北人多不甚识，盖海上亦自难得。省民以牛博之于众黎，一牛博香一担，归自差择，得沉水十不一二。中州人士但用广州舶上占城、真腊等香，近年又贵丁流眉来者。予试之，乃不及海南中下品。舶香往往腥烈，不甚腥者，意味又短，带木性，尾烟必焦。其出海北者，生交趾，及交人得之，海外蕃舶而聚于钦州，谓之钦香。质重实，多大块，气尤酷烈，不复风味，惟可入药，南人贱之。

蓬莱香，亦出海南，即沉水香结未成者。多成片，如小笠及大菌之状，有径一二尺者，极坚实，色状皆似沉香，惟入水则浮，刳去其背带木处，亦多沉水。

鹧鸪斑香，亦得之于海南沉水、蓬莱及绝好笺香中。槎牙轻松，色褐黑而有白斑，点点如鹧鸪臆上毛，气尤清婉，似莲花。

笺香，出海南，香如猬皮、栗蓬及渔蓑状，盖修治时雕镂费工，去木留香，棘刺森然。香之精，钟于刺端，芳气与他处笺香迥别。出海北者，聚于钦州。品极凡，与广东舶上生熟速结等香相埒。海南笺香之下，又有重漏、生结等香，皆下色。

光香，与笺香同品第。出海北及交趾，亦聚于钦州。多大块，如山石枯槎，气粗烈如焚松桧，曾不能与海南笺香比。南人常以供日用及常程祭享。❶

——所谓『黎峒』，在黎母山，即今海南琼中的五指山。『环岛四郡』，乃北之琼州，南之吉阳，西之昌化，东之万安。蔡絛《铁围山丛谈》卷五曰水沉『产占城国则不若真腊国，真腊国则不若海南，诸黎洞又皆不若万安、吉阳两军之间黎母山，至是为冠绝天下之香，无能及之矣』。

出自『诸番』的沉香，可以说多是传统的进口沉香，宋代则又把它别作『上岸香』与『下岸香』。上岸即真腊、占城，下岸则大食、三佛齐。《岭外代答》：『沉香来自诸番国者，真腊为上，占城次之。真腊种类固多，以登流眉所产香气味馨郁，胜于诸番。若三佛齐等国所产，则为下岸香

❶《说郛》涵芬楼本卷五十（个别字句从他本）。

矣，以婆罗蛮香为差胜。下岸香味皆腥烈，不甚贵重，沉水者但可入药饵。』登流眉，即《志香》中的丁流眉，地在今泰国南部马来半岛六坤。《坦斋笔衡》曰『登流眉有绝品，乃千年枯木所结』，『焚一片则盈屋香雾，越三日不散。彼人自谓之无价宝，世罕有之，多归两广帅府及大贵势之家』，与石湖的品题很是不同。石湖作《志》大约即在乾道末知静江府兼广西经略安抚使之际，于沉香诸品的比较多得自亲试，信其取舍得中也，叶氏或未免仍是记述传闻。

钦州，南宋时治所在今广西钦州县，时设有博易场。《岭外代答》卷五《财计门》『钦州博易场』条：『凡交阯生生之具，悉仰于钦，舟楫往来不绝也，博易场在城外江东驿。』『其国富商来博易者，必自其边永安州移牒于钦，谓之小纲。其国遣使来钦，因以博易，谓之大纲。所赍乃金银，铜钱，沉香，光香，熟香，生香，真珠，象齿，犀角。』

省民，这里用来指黎母山外的贩香者❶。《岭外代答》卷二『海外黎蛮条曰：『商贾多贩牛以易香。』《天香传》云：『黎人皆力耕治业，不以采香专利。闽越海贾惟以余杭船即香市，每岁冬季，黎峒待此船至，方入山寻采。州人役而贾贩尽归船商，故非时不有也。』《志香》『省民以牛博之于众黎』云云，可与丁《传》互观。

❶《宋会要·南蛮传》云『七年，臣僚复上言：辰、沅、靖三州之地多接溪峒，其居内地者谓之省民，熟户，山猺峒丁乃居外为捍蔽』（《宋会要辑稿》，第八册，页七八〇〇）。

采集来的海南沉多为片状或不规则的长条状，即『少大块』也，故曰如芝菌，如茅竹叶。所谓『香面』，便是棕黑色的含树脂的部分同木质部的淡黄色交错成文，且略现光泽的一面；『背带木性者』，则为已朽的伤面。

『博投』，即骰子，周氏《代答》蕞录此节，把『焚一博投许』易作『焚一铢许』，宋人说到焚香，又常常曰『一豆』，意思都是相同。『至煤烬气亦不焦』，这里的『煤』，指焚香时用的炭饼，也称香炭或香饼子❶。张邦基《墨庄漫录》卷二：『茄根并枝暴干，烧作灰为香煤，甚奇，能养火延夕。』洪刍《香谱》有造香饼子法，曰：『软灰三斤，蜀葵叶或花一斤半（贵其粘），同捣令匀细如末可丸，更入薄糊少许……逐旋烧用。』燕居用小炉焚香，炉中置灰，灰中浅埋香炭，其上置隔火，隔火上面置香。苏轼《翻香令》：『金炉犹暖麝煤残。惜香更把宝钗翻。重闻处，余熏在，这一番、气味胜从前。』❷宝钗翻香，沉香也，下半阕『更将沉水暗同然』，可知。此是北宋故事，而石湖以『翻之四面悉香，至煤烬气亦不焦』品第优劣，意趣正与之无别。炭饼成烬，香气如故，此方为好香且焚香而得其法。

❶杨武泉《岭外代答校注》（中华书局一九九九年）释此煤为煤炱，且引《吕氏春秋》高诱注『煤炱，烟尘也』，实误。❷唐圭璋《全宋词》，册一，页三〇六，中华书局一九六五年。

总之，宋代水沉大的分别，仍是沉香、栈香（或作笺香、煎香）、黄熟香，不论舶来品还是本土的出产。三等之中又各有生结、熟结之分。其中栈香用量最大，品类因此格外区分得细，名称最多且以时地不同而各异，此中则又以海南沉最为士人所喜。蓬莱香，鹧鸪斑香，如茅竹叶者亦即洪刍《香谱》所谓『叶子香』，均栈香之属。最下之黄熟香，质地轻虚，香气既速且短，实多用作合香。

二 水沉与香饼

宋代士人视焚香为日常，燕居而求幽玄的清境，实少它不得。而彼时之香，举水沉，可概其要。《志香》所述种种，原有它独特的角度，优劣高下，其标准并非基于『日用及常程祭享』，而是士人燕居之焚香。『沉水一铢销永昼，蠹书数叶伴残更』[1]，怡神涤虑，澹志忘情，皆是其境界，虽然未必真的是怡，是忘。

由宋人诗词中的吟咏及《志香》中的品评，可知海南沉中的蓬莱香、鹧鸪斑香，其时颇受钟爱。赵蕃《简梁叔昭觅香》：『雨住山岚更郁深，病夫晨起畏岑岑。可能乞我蓬莱炷，要遣衣襟润不侵。』『蓬莱』下其

[1] 刘克庄《身在》，《全宋诗》，册五八，页三六一一六八。

自注云『香名』❶。周必大致友人书中提到以『海南蓬莱香十两』为赠❷。至于鹧鸪斑，则香好，名字也起得好，与端砚名品中的鸜鹆眼恰成巧对，何况巧更在于香与砚本是书房中的必须。南宋朱羿《书事》『洗砚谛观鸜鹆眼，焚香仍拣鹧鸪斑』❸，陆游《斋中杂题》『棐几砚涵鸜鹆眼，古奁香斫鹧鸪斑』❹，赵汝鐩《谢人送端砚水沉》『砚寄下岩鸜鹆眼，沉分上岸鹧鸪斑』❺，皆其例。北宋魏泰《东轩笔录》卷十五曰端砚有眼者三种，曰岩石，曰西坑，曰后历，『石色深紫，衬手而润，几于有水，扣之声清远，石上有黯，青绿间，晕圆小而紧者谓之鸜鹆眼』，此即一等之『岩石』，乃采于水底，最贵重，便是诗中的『下岩鸜鹆眼』。端砚水沉合作一份土仪，正是现成的诗材。

放翁诗中的『古奁』，乃一种奁形香炉，宋侯寘《菩萨蛮·木犀十咏》『熏沉』一阕，句有『小奁熏水沉』❻，亦此。小，正是它的特色之一。如浙江绍兴县钱清镇环翠塔地宫出土的一件龙泉窑青瓷炉❼〔图三一六一：二〕。此外常见的尚有古鼎形、古鬲形❽〔图三一五九：一～二〕，宋人通常概称之为鼎。香炉的高矮均在十厘米上下，宋人的独坐焚香，所用便多是此类小炉。风晨月夕，把重帘低下，焚一炉水沉，看它细烟轻聚，参它香远韵清，此在宋人生活中算是平常的享受。『长安市里人如海，静

❶《全宋诗》，册四九，页三〇七九〇。❷淳熙元年致刘焞书，《文忠集》卷一九〇。❸《全宋诗》，册三三，页二〇八四三。❹《全宋诗》，册四〇，页二四九〇〇。❺《全宋诗》，册五五，页三四二四八。按鹧鸪斑，即鹧鸪斑。❻《全宋词》，册三，页一四三二。❼浙江省博物馆《浙江纪年瓷》，图二一四，文物出版社二〇〇〇年。❽如浙江德清县乾元山南宋咸淳四年吴奥墓出土的一件龙泉窑粉青鬲式炉，同上书，图二一六。

寄庵中日似年。梦断午窗花影转，小炉犹有睡时烟。』❶午梦里，也少不得香烟一缕。清雅不是莺边按谱花前觅句，而是『独坐闲无事，烧香赋小诗。可怜清夜雨，及此种花时』❷。独处如此，享客亦然。曾几《东轩小室即事五首》之五『有客过丈室，呼儿具炉薰。清谈似微馥，妙处渠应闻。沉水已成烬，博山尚停云。斯须客辞去，趺坐对余芬』❸，许棐《题常宣仲草堂》『客来无可款，石炉添水沉』❹，俱是也。嫩日软阴，落花微雨，轻漾在清昼与黄昏中的水沉，是宋人生活中一种特别的温存。传世的几幅宋元人绘《听琴图》，总绘出抚琴者身边的香几，并几上小炉的香烟袅袅〔图五—七〕。赵希鹄《洞天清录·古琴辨》：『惟取香清而烟少者，若浓烟扑鼻，大败佳兴，当用水沉、蓬莱，忌用龙涎、笃耨儿女态者。』『夜深人静，月明当轩，香爇水沉，曲弹古调，此与羲皇上人何异。』那么与琴音相伴的也须水沉才好。

《志香》云『舶香往往腥烈，不甚腥者，意味又短，带木性，尾烟必焦』，而宋人焚香喜欢用的栈香则相对柔和一些，但仍须经过加工才好，加工的方法便是用香花的精油薰制水沉，宋人诗词每云『蒸沉』❺，即此。周紫芝《刘文卿烧木犀沉为作长句》：『海南万里水沉树，江南九月木犀花。不知谁作造化手，幻出此等无品差。刘郎嗜好与

❶周紫芝《北湖暮春十首》，《全宋诗》，册二六，页一七三九三。❷陆游《移花遇小雨喜甚为赋二十字》，《全宋诗》，册三九，页二四五九五。❸《全宋诗》，册二九，页一八五一二。❹《全宋诗》，册五九，页三六八五八。按全诗作：『隔市能几步，幽趣逾山林。凿池小如斗，水浅鱼自深。檐任树枝碍，阶从草色侵。不肯一锄斫，恐伤春风心。朝出货仁义，暮归炊古今。客来无可款，石炉添水沉。』❺如虞俦《以簟石枕送耘老弟有诗因和来韵并分送蒸沉以助其雅趣》，《全宋诗》，册四六，页二八五七一；高观国《霜天晓角》『炉烟浥浥，花露蒸沉液』，《全宋词》，册四，页二三六一。

五—七
刘松年（传）《听琴图》
美国克利夫兰艺术博物馆藏

众异，煮蜜成香出新意。短窗护日度春深，石鼎生云得烟细。梦回依约在秋山，马上清香扑霜霁。平生可笑范蔚宗，甲煎浅俗语末公。此香似有郢人质，能受匠石斤成风。不须百和费假合，成一种性无异同。能知二物本同气，鼻观已有香严通。聊将戏事作薄相，办此一笑供儿童。』❶诗中的石鼎，指香炉。范蔚宗即范晔，其《和香方序》有『甲煎

❶《全宋诗》，册二六，页一七二九〇。

浅俗』之句。百和，百和香也，宋代虽然不大用此称，但调和众香制为焚香用的香丸和香饼本也风味各异，这里不过抑彼扬此，而意在称扬水沉与木犀犹如郢人与匠石的『二难并』，各存本性而气味同清，因此相对而又相谐得恰好。其实用来精制水沉的香花不止于木犀，宋人常常提到的尚有朱栾花和柚花，素馨和茉莉（图五—八：一、二）。宋张世南《游宦纪闻》卷五：『永嘉之柑为天下冠，有一种名朱栾，花比柑橘，其香绝胜，以笺香或降真香作片，锡为小甑，实花一重，香骨一重，常

五—八：一
素馨

五—八：二
茉莉

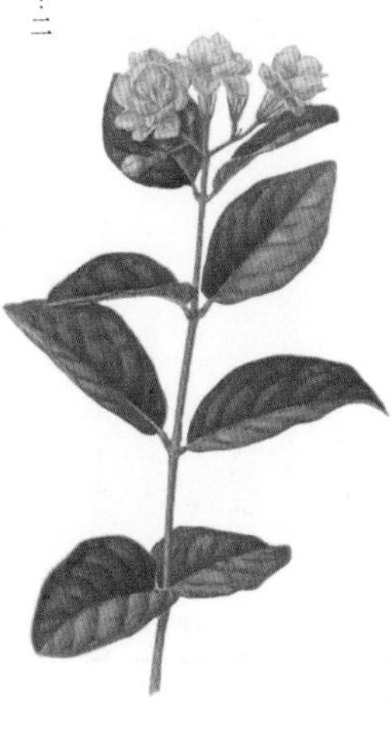

使花多于香，窍甑之傍，以泄汗液，以器贮之，毕，则彻甑去花，以液渍香，明日再蒸，凡三四易，花暴干，置磁器中密封，其香最佳。』朱栾，枳也，即芸香科的酸橙或枳橘〔图五—八：三〕，宋人常把它用来当作嫁接好柑的砧木。酸橙尚有一变种今名代代花，白花开在春夏，香气馥郁，与《桂海虞衡志·志花》篇中说到的用来蒸香的柚花大抵相当。杨万里《和仲良分送柚花沉三首》句有『薰然真腊水沉片，烝以洞庭春雪花』；『锯沉百叠糁琼英，一日三薰更九烝』❶。春雪花，状柚花之色也；『锯沉百叠』云云，便是《游宦纪闻》中说到的香木作片，在锡制的小甑里，叠花一层，叠香一层；『一日三薰』句，则《纪闻》所述之蒸花。蒸花的过程类似今天以蒸馏法提炼香花中的精油❷，不过宋人是把蒸馏香水与薰制水沉合为一事。诚斋诗《红玫瑰》『别有国香收不得，诗人熏入水沉中』❸，用作熏沉的办法也应如是❹。

五—八：三 酸橙

❶《全宋诗》，册四二，页二六〇七五。

❷用作提取精油的植物原料放在沸水里面的时候，植物内所含的芳香油亦即精油便会随着水蒸气而逸出。水蒸气冷凝为水，油脂自然浮于水面，于是可以把它收集起来。这一过程须重复若干次方可得到纯度尽可能高的芳香油。

❸《全宋诗》，册四二，页二六三六七。

❹类似的办法宋人发明了不少，见诸吟咏者又如向子諲《如梦令》词前小序云：『余以岩桂为炉熏，杂以龙麝，或谓未尽其妙，有一道人授取桂华真水之法，乃神仙术也，其香着人不灭，名曰芗林秋露，李长吉诗亦云「山头老桂吹古香」，戏作二阕，以贻好事者。』其一云：『欲问芗林秋露，来自广寒深处。海上说蔷薇，何似桂华风度。高古，高古，不著世间尘污。』《全宋词》，册二，页九六五~九六六。

两宋重水沉，和合众香制作香饼，水沉亦为核心。调和众香制作香饼，从诗文描写和文献记载中的香方来看，基本原则与现代调香工艺多有相通。合香所使用的原料，不外三类。其一，构成主体香韵的基本香料，如水沉，白檀香，降真香。其一，用作调和与修饰的一类，如甘松，丁香，藿香，零陵香。其一，用作发香和聚香的一类，如艾纳，甲香，龙脑，乳香，安息香或金颜香，麝香，龙涎香。所谓发香，即令各种香料成分挥发均匀；聚香，便是使香气尽可能留长。南京大报恩寺遗址发现建于北宋大中祥符四年的长干寺真身塔地宫，其内出土乳香、檀香、沉香、豆蔻、丁香[1]，宋人合香所用三类原料这里都具备了。

合香的技艺南北朝时便已发达，许多配方原是得自佛经，不过施用于中土之后，又加入了自己原有的药草炮制的经验，其实二者之间的道理本来相通。《陈氏香谱》卷一『合香』条：『合香之法，贵于使众香咸为一体。麝滋而散，挠之使匀；沉实而腴，碎之使和；檀坚而燥，揉之使腻。比其性，等其物，而高下如医者，则药使气味各不相掩。』说得很是透彻。此中其实尚包括着对各种香料品质特性的了解，对香气之清浊的精鉴更不待言。两宋的调香也是对前代的继承。晚唐及五代宫廷

[1] 南京市考古研究所《南京大报恩寺遗址塔基与地宫发掘简报》，《文物》二〇一五年第五期。

合香之风已经很盛，其时大抵水沉和白檀香为骨，而麝香龙脑用作发香和聚香，和凝《宫词》『多把沉檀配龙麝』❶，是也。王建《宫词》：『供御香方加减频，水沉山麝每回新。内中不许相传出，已被医家写与人。』❷南唐的『江南李王帐中香』传入民间，宋人依然喜欢调制，王灼《张元举惠李王帐中香》『此香那得到君手，妙诀无乃当时传』❸，纪其事也。江南宫中的宜爱香，黄庭坚得其方，而别名之曰『意可』，成为『黄太史四香』之一，载入《陈氏香谱》。不过宋人把『蒸沉』的办法也用到合香，其香谱便更多花之韵，词咏制香，所以曰『龙沫流芳旎旎，犀沉锯削霏霏。薇心玉露练香泥，压尽人间花气』❹。

梅在宋代最受宠爱，梅香的清韵自然也为合香家所求，返魂梅，笑梅香，香谱中列有多品，曾几《返魂梅》及《诸人见和返魂梅再次韵》，咏其香也，《瀛奎律髓》卷二十录此两首，方回曰：『此非梅花也，乃制香者，合诸香，令气味如梅花，号之曰返魂梅。』又周紫芝《汉宫春》词前小序云：『别乘赵李成以山谷道人返魂梅香材见遗，明日剂成，下帏一炷，恍然如身在孤山，雪后园林，水边篱落，使人神气俱清。』❺亦其例。当然此际合香中最有名的仍推水沉为骨的龙涎香品。

❶《全唐诗》，册二一，页八三九四。诗云：『鱼犀月掌夜通头，自著盘莺锦臂鞲。多把沉檀配龙麝，宫中掌浸十香油。』此言配制梳头油，而原理相同。❷《全唐诗》，册一〇，页三四四六。❸《全宋诗》，册三七，页二三二九六。❹陈深《西江月·制香》，《全宋词》，册五，页三五三二。❺《全宋词》，册二，页八七八。

三 合香

合香的使用，宋代已是贯穿于人们的日常生活，从皇室贵胄到仕宦乡绅乃至市民，皆以此为尚，不同只在于使用的数量与品质，不必说，合香的制作与买卖自然也是兴盛的。《清明上河图》中即绘出道口上一个门前展着招子的香铺，招子上大书『刘家上色沉檀拣香』。不过士人却是更喜欢依照香方手自调制各式合香，甚或自创香方相互馈赠，如此生活趣味也成为两宋诗词中的常见话题。然而关于合香的制作，似不见于两宋画笔。我所知道惟一的画品，是日本佐伯文库旧藏宋拓画帖《华严经入法界品善财参问变相经》中的两幅。其一，为第十八幅藤根国普门城参问普眼长者，其一，为第二十七幅广大国参问鬻香长者。鬻香长者之幅〔图五—九：二〕，画图下半部分是矮墙里的一个庭院，院子里点缀芭蕉湖石和添助意趣的一只狸奴。鬻香长者坐在敞轩里，

五—九：一 广大国参问鬻香长者

翘头案上放着香木山子一座，净瓶一个，又是一个莲花座的香炉，一个瓜棱水盂，水盂里插一柄小勺。矮墙应有门通向另一个院落，便是绘于上方的香料加工制为香饼香丸的一个作坊，而分为左右两个操作间。左边一间，坐在矩形木床里一个大型碾槽，木床的两边近端处各穿出一根木柱，柱顶架一块横板，横板中间垂下木杠与碾轴相连，木杠靠近碾子的地方又穿一个两端有把手的木柄，碾槽两边各坐一人，以木杠与顶端横板的接合点为轴心，两人推拉木柄，碾子便如钟摆一般在碾槽里滚动，以是粉碎香料。《天工开物》卷下《丹青》第十四所绘巨铁碾槽中粉碎朱砂矿石的情景〔图五一九：二〕，与此相类。右边一间，是合香的细加工，即《变相经》鬻香长者告言『我善别知一切诸香，亦知调合一切香法』，或简称『调香』。依宋洪刍《香谱》卷下《香之法》一节所述，各种配方的合香多要有细锉、捣末、筛罗、入药臼槌研之类的工序。如『延安郡公蕊香法』一款：『玄参半斤，净洗去尘土，于银器中以水煮令熟，控干，切入铫中，慢火炒，令微烟出。甘松四两，择去杂草尘土，方秤定，细锉之。白檀

五一九：二 《天工开物》中的研硃图

香，锉。麝香，颗者，俟别药成末方入研。的乳香细研同麝香入。上三味，各二钱。右并新好者，杵罗为末，炼蜜和匀，丸如鸡头大。每药末一两，使熟蜜一两，末丸前，再入杵臼百余下，油单密封，贮瓷器中。』《变相经》中工匠坐在杌子上对着臼持杵力捣，便类如香末未团成香丸之前，『再入杵臼百余下』的情景。身旁地下横着的似即锉刀一柄。此幅经文颂曰『鬻香长者方术好』，便仿佛香铺主人口吻。

参问普眼长者之幅，用了城墙一偏、城楼一角和挑担、负物者各一来表现经文所云普门城，中心画面是坐在插屏前面的普眼长者，长者右手托一个瓜棱香盒，以合香法为喻开示善财童子。身旁的栅足翘头案上放着香炉一、香木山子一、执壶一，又一个打开盖子的瓜棱香盒。案前两人各捧一个香木山子。厅堂之侧是『普眼城中合众香』的场景，推药碾者前方放着一个小壶，其中一个里面插了一柄勺〔图五—一〇〕。据此情景，可推知是制作香丸、香珠一类的软香，依宋人《陈氏香谱》，制作软香须以香末调入苏合油，再以冷水和成团，然后去水，复添入金颜香、龙脑之类以水和成团，再去水，

五—一〇 藤根国普门城参问普眼长者

入臼用杵捣三五千下，如此反复数番，即所谓『广寒夜捣玄霜细』，『斗合一团娇』，而成『梅不似，兰不似』『滞人花气』的软香一丸。图中药碾前边的两个小壶，或即盛油盛水之器。按照香方，制作软香的金颜香是先要碾为细末的，图中推碾者所事，大约是这一类工序。经文末后颂曰：『普眼长者合众香，才沾馥郁顿清凉。虽非沉水并龙麝，引得诸天叹异常。』沉水，即沉香；龙指龙涎；麝指麝香。此三味是宋代合香的基本用料，当然也都有代用品而可风味差似，颂语『虽非』云云，便是这一番意思。

附：两宋诸香浅识

白檀香　降真香〔图五—一一～一二〕

沉水香，降真香，白檀香，是宋人喜欢的焚香之材，也是合香中可以用作构成主体香韵的基本香料。白檀香，佛经称梅檀和牛头梅檀，即檀香科的檀香，有白檀香和黄檀香，主产于印度以及印度尼西亚的马来半岛等地，乃半寄生的常绿小乔木。质细密坚实，气异香，而白檀为愈。入药用它富含芳香油的心材，焚香亦然。《佛说梅檀树经》述梅檀树故事，情节与九色鹿的故事相仿佛，其中说到梅檀『根茎枝叶，治人百病，其香远闻，世之奇异，人所贪求不须道也』❶，可见其珍。宋人合香，以水沉与檀香的搭配为常。合香常用者尚有紫檀，则为豆科常绿乔木，质坚重，有香气，所贵亦心材，晏殊《浣溪沙》『向谁分付紫檀心』❷，巧用其意也。

五—一一：一
檀香

❶《大正藏》，第十七卷，页七五〇。❷《全宋词》，册一，页八八。

芸香科的降真香，豆科的降香檀以及同科的印度黄檀，均有降真香之称，其心材都可以入药，焚香则也是用着心材。降香檀产海南，徐表《南州记》云降真香『生南海山』❶，应指此种。宋人也或用香花的精油薰制降真香，一如薰制水沉。南宋郑刚中有诗详纪其事，诗题则犹一小序——《降真香清而烈，有法用柚花建茶等蒸煮，遂可柔和，相识分惠，爇之果尔，但至末爨，则降真之性终在也》。诗云：『南海有枯木，木根名降真。评品坐粗烈，不在沉水伦。高人得仙方，蒸花助氤氲。瓦甑铺柚蕊，沸鼎腾汤云。重透紫玉髓，换骨如有神。矫揉迷自然，但怪汲黯醇。铜炉既消歇，花气亦逡巡。余馨触鼻观，到底贞性存。』❷合香也常用到降真，不过使用更多的仍是沉香。

❶李珣《海药本草》引，《证类本草》卷十二『降真香』条。❷《全宋诗》，册三〇，页一九一二〇。

五—一一：二
檀香二十年生植株（心材约占百分之二十）
录自《檀香引种研究》

五—一一：三
檀香
泉州后渚港沉船遗址出土

五—一二：一 降真香 泉州后渚港沉船遗址出土

五—一二：二 降香檀

甘松　丁香　藿香　零陵香〔图五—一三～一五〕

甘松，丁香，藿香，零陵香，在合香中应是用作调和与修饰的一类。甘松为败酱科植物甘松的干燥根茎及根，有强烈的松节油样香气。唐陈藏器《本草拾遗》说它「合诸香及裛衣妙也」❶。唐韩鄂《四时纂要》「合裛衣香」：「零陵一斤，丁香半斤，苏合半斤，甘松三两，龙胫（按应为「脑」）二两（无则以甲香代之），麝香半两，郁金二两。右件并须新好者，一味恶则损诸香物。都捣，如麻、豆，以夹绢袋子盛，或安衣箱中，或

❶《海药》引，《证类本草》卷九「甘松」条。

带于身上。』《开宝本草》收为正品，并云：『甘松香，味甘，温，无毒，主恶气，卒心腹痛满，兼用合诸香，从生叶细。《广志》云：「甘松香出姑臧。」』

丁香为桃金娘科常绿乔木丁香树的干燥花蕾，主产于马来群岛、印度尼西亚群岛和非洲东部。其果实为丁香的种子，名母丁香。花蕾则名丁香，别名公丁香，含挥发油百分之十五至二十，香气最烈。近于成熟的果实称作鸡舌香，气微香，味辛辣，含淀粉和少量挥发油。曹操与诸葛亮书『今奉鸡舌香五斤，以表微意』，即此。

五一三：一
丁香植株

五一三：二
丁香
南京市北宋大中祥符四年长干寺塔出土

藿香，广藿香，均唇形科植物，前者为中土原产，后者原产东南亚一带。万震《南州异物志》：『藿香，出典逊，海边国也，属扶南，香形如都梁，可以着衣服中。』❶典逊，其地在今缅甸南端的丹那沙林，则《志》所记当为广藿香。曹植《妾薄命行》『御巾裛粉君傍，中有藿纳都梁，鸡舌五味杂香，进者何人齐姜』❷，此即着衣之香也。纳，艾纳；都梁，兰草；鸡舌，丁香。这里的藿，也应是广藿香。广藿香乃植物香料中气味尤其浓郁的一种，香能持久，更是它的最为优胜处。

五—一四 广藿香

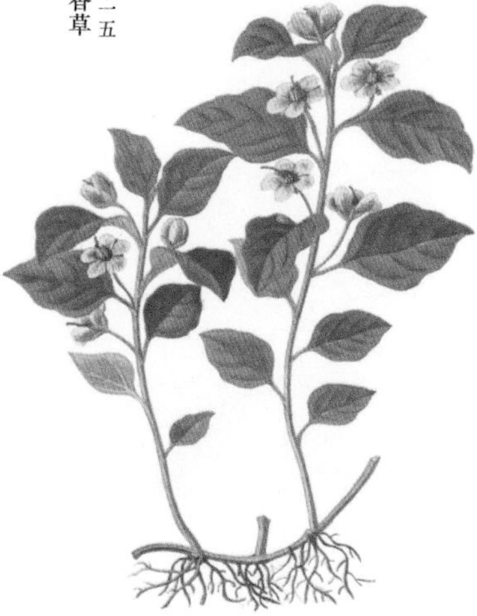

五—一五 灵香草

❶《法苑珠林》卷四十九『华香篇』。❷《先秦汉魏晋南北朝诗》，上册，页四三六。

零陵香，又名燕草、排草，即报春花科的灵香草。沈怀远《南越志》：『苓陵香，土人谓为燕草。』❶苓陵香即零陵香。苏敬《唐本草》注：『生水山间，可和诸香，煮汁饮之亦宜。合衣中香。』❷《桂海虞衡志·志香》：『排草，出日南，状如白茅香，芬烈如麝香，亦用以合香，诸草香无及之者。』

艾纳　甲香　龙脑　麝香　乳香　安息香〔图五—一六～二〇〕

艾纳，甲香，龙脑，乳香，安息香或金颜香，麝香，龙涎香，在合香中是用作发香和聚香的一类。艾纳香，为菊科植物艾纳香的叶及嫩枝，蒸馏提取的结晶称艾片。不过宋人合香所用艾纳，却是别一种。《证类本草》卷九『艾蒳香』条：『《广志》曰：出西国，似细艾。又有松树皮绿衣，亦名艾纳，可以和合诸香，烧之能聚其烟，青白不散，而与此不同。』同书卷十二『松脂』条引苏敬《唐本草》注：『树皮绿衣名艾纳，合和诸香烧之，其烟团聚，青白可爱也。』洪刍《香谱》载录『球

五—一六　艾纳香

❶《法苑珠林》卷四十九『华香篇』。❷《证类本草》卷九『零陵香』条。

子香法』，其方有『艾蒳一两』，注明『松树上青衣是也』。东坡《再和杨公济梅花十绝》『凭仗幽人收艾纳，国香和雨入青苔』❶，所云『艾纳』，即此。范成大《桂海虞衡志》中又提到一种与它相似的槟榔苔，曰『出西南诸岛，生槟榔木上，如松身之艾蒳，单爇极臭，交趾人用以合泥香，则能成温馨之气，功用如甲香』。

甲香为蝾螺科动物蝾螺或其近缘动物的掩厣。苏颂《本草图经》曰甲香『今医方稀用，但合香家所须，用时先以酒煮去腥及涎，云可聚香，使不散也』❷。甲香的修治，本草类书记载颇多，总之是须反复煮熬，即分别用含酸、碱、盐、醇等物质的各种溶解方法煮之再三，洗净又煮，意在用多种方法溶解掉动物蛋白质，以使焚香时不致受其特有的焦臭气味的影响❸。

龙脑香，慧琳《一切经音义》卷四十三『龙脑』条曰：『龙脑，《西域记》：羯布罗香树，松身异叶，花果亦别。初采既湿，尚未有香，木干之后，修理而析，其中有香，状如云母，色如冰雪，此谓龙脑香也。』所引《西域记》，见《大唐西域记》卷十『秣罗矩吒国』条，秣罗矩吒国为南印度古国❹。龙脑是龙脑香科龙脑香树树脂的加工品，即从龙脑香树干的裂缝处采干燥树脂加工，或砍下树干及树枝，切成碎片，蒸馏

❶《全宋诗》，册一四，页九四三八。❷《证类本草》卷二十二『甲香』条。❸缪启愉《四时纂要校释》『合裛衣香』条注，页一〇六，农业出版社一九八一年。❹季羡林等《大唐西域记校注》，页八五八，中华书局一九八五年。

冷却后的结晶，称龙脑冰片或片脑，其质最优者称梅花脑。龙脑汉代即已由南海传入中土，时称果布（《史记·货殖列传》），唐代则数量大增，王建《送郑权尚书南海》『戊头龙脑铺，关口象牙堆』❶，可见其盛。李贺『龙脑入缕罗衫香』，『钿合碧寒龙脑冻』❷，唐风也，宋代则多用作合香。南宋许棐《月涧惠砚滴梅脑》：『踏雪寻梅兴未偿，衣襟赖有隔年

❶《全唐诗》，册九，页三四〇〇。❷《嘲少年》，《全唐诗》，册一二，页四四四〇；《春怀引》，《全唐诗》，册一二，页四四三九。

五一七：一
龙脑块
采自《灵台沉香》

五一七：二
冰片
采自《灵台沉香》

香。铜匜更炷冰花脑，不到孤山也不妨。』❶『孤山』，『寻梅』，固然都为着切题，不过宋人合香中多有香气拟梅者，其中自然少不得龙脑来聚香，如洪刍《香谱》『梅花香法』：『甘松、零陵香各一两。檀香、茴香各半两。丁香一百枚。龙脑少许，别研。右为细末，炼蜜令合和之，干湿得中用。』那么诗又不仅字面切题而已。苏轼《子由生日，以檀香观音像及新合印香银篆盘为寿》句云：『旃檀婆律海外芬，西山老脐柏所薰。香螺脱黡来相群，能结缥缈风中云。一灯如萤起微焚，何时度尽缪篆纹。缭绕无穷合复分，绵绵浮空散氤氲，东坡持是寿卯君。』❷婆律即龙脑，语出《酉阳杂俎》（前集卷十八）；香螺脱黡指甲香；老脐，麝香也。诗言麝食柏而香，原袭古人成说，不过麝的取食的确很清洁，如松与冷杉的嫩枝和叶，又地衣、苔藓、野果。合香所用为整麝香亦即毛香内的麝香仁，俗称当门子，其香气氤氲生动，用作定香，扩散力最强，留香也特别持久，惟名贵不及舶来品的龙涎香。

乳香即橄榄科卡氏乳香树的干燥树脂，香气温和而留长。主产于红海沿岸的索马里、埃塞俄比亚及阿拉伯半岛南部，此外土耳其、利比亚、苏丹、埃及等地也有出产。其采收在春夏两季，以春季为产期。将树干的皮部由下向上顺序割伤，并开小沟，使树脂由伤口渗出，流入沟

❶《全宋诗》，册五九，页三六八六〇。
❷《全宋诗》，册一四，页九四九三。

五—一八 麝香
采自《灵台沉香》

中，数日后凝成干硬的固体，即可从树上采收；有落于地面者，也可拣取，但易黏附砂土杂质，品质较劣❶。后者，即宋人所说的『塌香』。《梦溪笔谈》卷二十六：『薰陆即乳香也，本名薰陆，以其滴下如乳头者，谓之乳头香，镕塌在地上者，谓之塌香。』香有数等，说见《云麓漫钞》卷五。薰陆，佛经译为『杜噜』，也是梵语的音译。乳香之优者，时称『拣香』，《清明上河图》中绘着香铺前的一个大招贴，上书『刘家上色沉檀拣香』，即此。次曰『缾香』，『言收时贵重之，置于缾中』（《诸番志》卷下），所谓『薰陆光射琉璃缾』❷，即此。

安息香，即安息香科安息香树的干燥树脂，产今印度尼西亚、越南、泰国等地。伤其树干，流出树脂，干燥后采收，便是安息香。《诸番志》卷下：『安息香出三佛齐国，其香乃树之脂也，其形色类核桃瓤，而不宜于烧，然能发众香，故人取之以和香焉。』不过宋代更多用到的是金颜香，同书曰：『金颜香正出真腊，大食次之。所谓三佛齐有此香者，特自大食贩运至三佛齐，而商人又自三佛齐转贩入中国耳。其香乃木之脂，有淡黄色者，有黑色者，拗开雪白为佳，有砂石为下。其气劲，工于聚众香，今之为龙涎软香佩带者，多用之。』据此，它应即同科的暹罗安息香树（Styrax tonkinensis Pierre），产于今泰国湄公河附近一带❸。用

五—一九：一
乳香

❶中国医学科学院药物研究所等《中药志·三》，页五六九，人民卫生出版社一九六一年。❷朱翌《素馨》，《全宋诗》，册三三，页二〇八七六。❸中国医学科学院药物研究所等《中药志·三》，页五五八，人民卫生出版社一九六一年。

五—一九：二
香铺
采自《清明上河图》

作佩带的软香多制为香珠，也常常做成扇坠。史达祖《菩萨蛮·赋软香》：『广寒夜捣玄霜细。玉龙睡重痴涎坠。斗合一团娇。偎人暖欲消。／心情虽软弱，也要人抟搦。宝扇莫惊秋，班姬应更愁。』❶风调更为媚丽的又有詹玉《庆清朝慢》，『红雨争妍，芳尘生润，将春都揉成泥』，『梅不似，兰不似，风流处，那更著意闻时，蓦地生绡扇底』❷，所赋亦软香。两调都是借了佩带的依偎之意而写得格外香艳。不过安息香之名在明清时代常常是被借去指线香。《长物志》卷十二『安息香，都中有数种，总名安息香』，《醒世恒言·卖油郎独占花魁》『买几根安息香，薰了又薰』，《醒世姻缘传》第八十四回『叫香匠做他两料安息香』，皆其例。《清稗类钞·工艺类》『制安息香』条：『安息香树之脂，坚凝成黄黑色块可为香，并可制药。今通用之安息香则多以他种香料合木屑作线香状，但袭安息香之名，实无安息香料也。』

五—二〇 越南安息香

❶《全宋词》，册四，页二三三四。❷《全宋词》，册五，页三三五一。

龍涎真品與龍涎香品

龙涎香以它的名贵和稀见，自古以来便是一个总带着几分神秘的话题。宋人对它算是最不陌生，两宋香事中因此常常见到『龙涎』之名，不过这时候的『龙涎』二字实在还包含着虚与实的分别，亦即龙涎真品与龙涎香品的重要区别，而这也正是宋代香事中很有意思的一个细节。

龙涎香最早见于中土文献是在唐人段成式的《酉阳杂俎》，前集卷四云『拨拔力国，在西南海中』，『土地唯有象牙及阿末香』。拨拔力，即今索马里的柏培拉。不过当时阿末香还只是外国来的一种传闻。此后过了很久，除偶见于『朝贡』纪录外❶，似乎再不见有人谈起它，直到元祐年间苏轼的《再和杨公济梅花十绝》，其七曰『檀心已作龙涎吐，玉颊何劳獭髓医』❷，乃以龙涎拟喻梅花的幽香。东坡远谪海南之后，作诗咏山芋羹，又把龙涎拈来作喻，句云『香似龙涎仍酽白，味如牛乳更全清』❸。龙涎用作焚香，此际也见于吟咏，如秦观《浣溪沙》『霜缟同心翠黛连。红绡四角缀金钱。恼人香爇是龙涎』❹。宣和初年徽宗在睿谟殿张灯结彩预赏元宵，曲宴近臣，亲历者如王安中如冯熙载均有长诗纪此一时之盛，所谓『层床藉巩组，方鼎炷龙涎』❺，便是其中的纪实之句。龙涎又不仅用作焚香，南宋叶绍翁《四朝闻见录》乙集『宣政宫烛』条曰『宣、政盛时，宫中以河阳花蜡烛无香为恨，遂用龙涎、沉

❶如熙宁四年，有层檀国遣使奉表贡龙涎香等；五年，有大食勿巡国遣使奉表贡龙涎香等。《宋会要辑稿》，第八册，页七八五五。❷北京大学古文献研究所《全宋诗》，册一四，页九四三八，北京大学出版社一九九三年。❸诗题颇长，作《过子忽出新意，以山芋作玉糁羹，色香味皆奇绝，天上酥陀则不可知，人间决无此味也》，《全宋诗》，册一四，页九五五八。❹唐圭璋《全宋词》，册一，页四六二，中华书局一九六五年。❺王安中《睿谟殿曲宴诗》，《全宋诗》，册二四，页一五九七三。

脑屑灌蜡烛，列两行，数百枝，焰明而香滃，钧天之所无也』。不过龙涎真品价格昂贵非同一般。张时甫《可书》：『仆见一海贾鬻真龙涎香，二钱，云三十万缗可售鬻，时明节皇后阁酬以二十万缗，不售。遂命开封府验其真赝，吏问：「何以为别？」贾曰：「浮于水则鱼集，薰于衣则香不竭。」果如其言。』明节皇后即徽宗之妃刘氏，以别于明达皇后刘氏，又称作小刘，宣和三年追册为皇后。宋佚名《百宝总珍集》卷八『龙涎』条曰龙涎『每两直百千已上』，当然此中还应有质量、等级之类的差别，虽海贾在皇室面前有故昂其值的成分，但『薰于衣则香不竭』，并非虚语，龙涎香的分外贵重，且非寻常可见❶，也是实情。

龙涎香是抹香鲸肠内的病理分泌物，主要见于热带和亚热带温暖的海洋中。其成因，说法不很一致。一般认为它是抹香鲸的贪食，由消化不良而刺激胃肠粘膜，因形成的一种病理性结块亦即结石。以其质轻——相对密度为零点八至零点九——故从鲸鱼体内排出之后，便往往会漂浮在海面或被冲上海岸。龙涎香的干燥品看去是灰色或褐色的蜡样团块〔图六一一〕，六十度左右会软化，七十至七十五度间则熔融。新从鲸鱼体内排出的龙涎香香气很弱，经海上长期漂流自然熟化，或经过长期贮存自然氧化，它的香气方逐渐增强。

❶蔡絛《铁围山丛谈》卷五，曰政和间徽宗检察奉辰库，见前朝旧存龙涎香，既不知所从来，也不知为何物，更不必说用途；及至『以一豆火爇之，辄作异花气，芬郁满座，终日略不歇』，方惊为珍奇，乃至把已分赐臣下者悉数收回。此所谓『龙涎香』，应是龙涎真品。

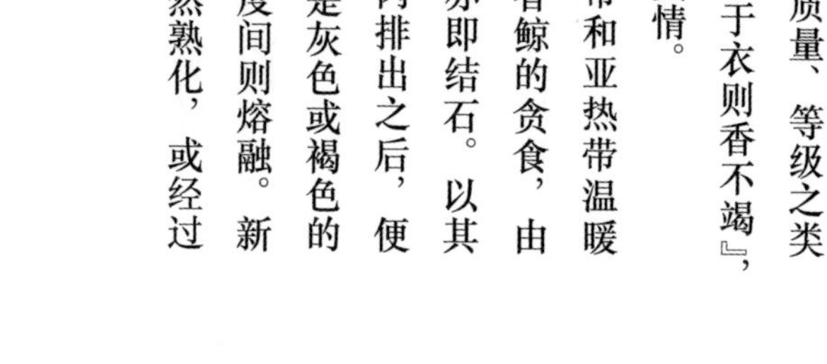

六一一
龙涎香
泉州后渚港沉船遗址出土

龙涎香具有生动的动物香，清灵而温雅，同时又很特别的微含木香、苔香。一种特殊的甜气和尤其持久的留香底韵使它很有温暖朦胧的意蕴，清厉鹗《天香·龙涎香》『天上梅魂乍返，温馨似垂纤尾』[1]，为传闻中的香气写真而竟得其神。香气的微妙柔润，可提扬而又凝聚不散，且特别能够圆和其他气息，都是龙涎香令人珍爱的品质，麝香、灵猫香等几种名贵的定香剂中，龙涎香的留香最为持久，优质者，竟可达数月。以上种种古人多已认识到，其实有关龙涎香的故事，虽常常不免带了某种传说的成分，但究竟有着不少确实的依据。

最早详细记述龙涎香之性状与用途的，当推成书于淳熙五年（一一七八年）的《岭外代答》，卷七《宝货门》『龙涎』条曰：『大食西海多龙，枕石一睡，涎沫浮水，积而能坚，鲛人采之，以为至宝。新者色白，稍久则紫，甚久则黑。因至番禺尝见之，不薰不莸，似浮石而轻也。人云龙涎有异香，或云龙涎气腥，能发众香，皆非也。龙涎于香本无损益，但能聚烟耳。和香而用真龙涎，焚之一铢，翠烟浮空，结而不散，座客可用一剪分烟缕。此其所以然者，蜃气楼台之余烈也。』所谓『不薰不莸，似浮石而轻』，以其至番禺而亲见，所述当然比较近实，聚烟的认识自然更为重要，至于『蜃气楼台』之类的想象，原是难免，惟

[1] 《樊榭山房集·集外词·秋林琴雅二》。

『能发众香』本来是实，『有异香』亦然，不必非之。此说流传极广，稍后于此的赵汝适《诸番志》、张世南《游宧纪闻》，都有大致相同的复述。后世笔记也大多沿用这样的说法，直到屈大均作《广东新语》，说龙涎，大意仍不外此。

关于龙涎香的产地、品质、采获以及调制的过程与方法，日人山田宪太郎所著《香料博物事典》，叙述最为详明❶。不过大量见于宋人诗文的龙涎香，却多半不是真品龙涎，而是龙涎香饼，有的甚至配料中龙涎也无，却只是用素馨或茉莉的精油调配出花的香韵。成书于宋末元初的《陈氏香谱》卷三收『龙涎香』『古龙涎』『小龙涎』等香方二十四种，方中配料入龙涎者只有三种，可知龙涎香饼乃别有故事。

最负盛名的龙涎香饼是五羊城中的吴氏心字香。叶寘《坦斋笔衡》：『有吴氏者以香业于五羊城中，以龙涎著名。香有定价，家富日飨如封君。人自叩之，彼不急于售也。』吴曾《能改斋漫录》卷十六『玉珑璁词』条下曰某士人以诗酬答友人龙涎香之赠，句云『认得吴家心字香』；王灼《糖霜谱》的配方中则列着『吴氏龙涎香』。吴家心字，吴氏龙涎，皆一物也，著名而且传得广远。其配方似乎未见当时人记载，不过龙涎香品的制作由宋人笔记和诗词中的若干描写，尚可略窥其概。《能改斋

❶山田宪太郎《香料博物事典》，页四四二～四六六，同朋舍一九七九年。

漫录》卷十五『素馨花』条：『岭外素馨花，本名耶悉茗花，丛脞么麽，似不足贵，唯花洁白，南人极重之。以白而香，故易其名。』『海外耶悉茗油，时于舶上得之，番酋多以涂身。今之龙涎香，悉以耶悉茗油为主也。』❶陈善《扪虱新话》卷十五『南地花木北地所无』条则曰：『制龙涎香，无素馨花，多以茉莉代之。』诗词中咏及龙涎香，固多用辞藻装点，但意思依然明确。张元干《青玉案》『心字龙涎饶济楚。素馨风味，碎琼流品，别有天然处』❷，洪适《番禺调笑·素馨巷》『屑沉碎麝香肌细，剩馥熏成心字』❸，朱翌《素馨》『余波润泽龙涎春，北走万里燕赵秦』❹，虽不是专说制香，而制香之法可见。又郑刚中诗的反面作比：『素馨玉洁小窗前，采采轻花置枕边。仿佛梦回何所似，深灰慢火养龙涎。』❺可知宋人心目中龙涎和素馨是亲密得可以互换❻。顺带说到，『心』字是两宋流行的一类装饰纹样，如心字帔坠、心字幡胜❼〔图六—二～三〕、心字耳环，出自安徽南陵铁拐南宋墓的心字耳环❽〔图六—四〕，恰同周邦彦词中所咏『黄金心字双垂耳』（调寄《蝶恋花》），是风气自北宋流贯至南宋，龙涎香饼取心字为饰，自然会博得爱赏。

❶《黄氏日钞》卷六十七：『泡花，采以蒸香。法以佳沉香薄劈，着净器中，铺半开花，与香层层相间，密封之，日一易，不待花蔫，花过香成。番禺人吴兴作心字香、琼香，用素馨、末利，法亦然。大抵泡取其气，未尝炊焮。』此乃节录范成大《桂海虞衡志·志花》之文（今范《志》『泡花』一则稍略于此，盖所存已非全帙）。不过依吴氏《漫录》，用作制香者乃耶悉茗油，则仍应以蒸液渍香为是，其法即如前引《游宦纪闻》所云，此曰『未尝炊焮』，似非。❷《全宋词》，册二，页一〇八八。❸《全宋词》，册二，页一三六九。❹《全宋诗》，册三三，页二〇八七六。❺《广人谓取素馨半开者囊置卧榻间终夜有香，用之果然》，《全宋诗》，册三〇，页一九一〇四。❻素馨与茉莉前已提及，二者同属木犀科，香气近似而又略有不同。现代调香工艺中把它们分作大花茉莉和小花茉莉，素馨属前者，虽然它实际上开的是小花，吴氏所谓『丛脞么麽』者是也。素馨和茉莉的香气特征均在于『鲜』，不过素馨是鲜中带浊，茉莉则鲜而清灵。鲜的来源在于其鲜花的香气成分里含有大量吲哚——约达百分之五至十二。（注转下页）

六—二
玉帔坠
浙江新昌南宋乾道五年季氏墓出土

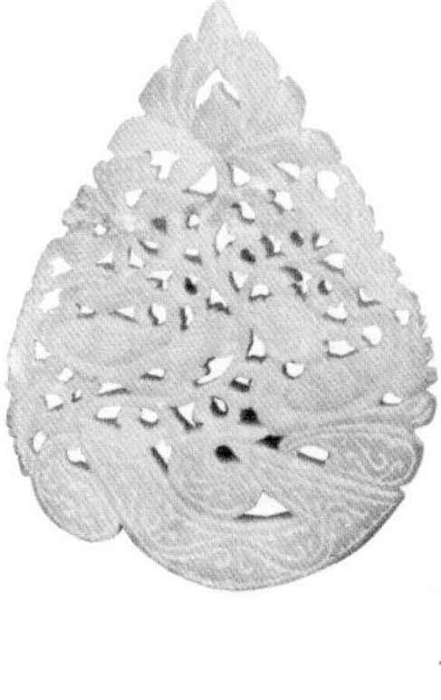

六—四
心字金耳环
安徽南陵铁枴南宋墓出土

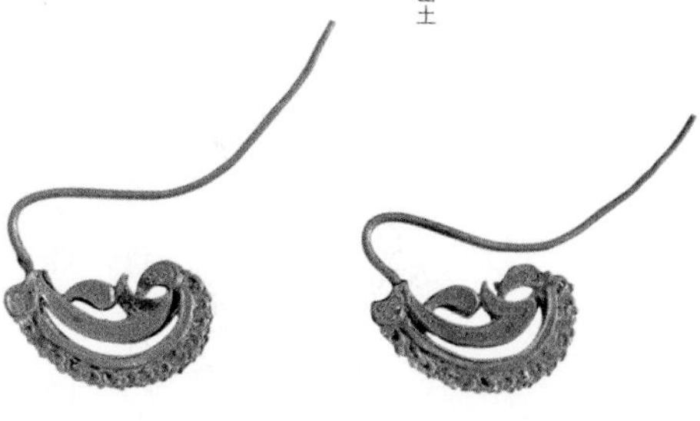

六—三
银鎏金龟衔环心字幡胜
浙江德清武康银子山出土

呞哚纯品在浓溶液中是咸鲜有力而粗氲的动物香气，扩散力强而持久。用耶悉茗油精制香饼，以其香气中独特的鲜韵而依稀龙涎风神，或者是可能的，只是我们无法去证实，因此把它作为一个推论。

❼玉帔坠，浙江新昌南宋乾道五年季氏墓出土，今藏新昌博物馆；银鎏金龟衔环心字幡胜，浙江德清武康银子山出土，今藏德清博物馆。本篇用图均为观展所摄。

❽安徽省文物考古研究所等《安徽南陵铁拐宋墓发掘简报》，《文物》二〇一六年第十二期。今藏南陵博物馆，承馆方惠允，得以观摩实物并拍照。

茉莉与素馨同属木犀科，原中心产区在波斯。唐人已经知道茉莉和茉莉花制作的精油❶，不过它和素馨的大规模引种都是在宋代❷。《岭外代答》卷八『花木门』曰『素馨花，番禺甚多』。其时且有专植素馨的花田。南宋蔡戡《重九日陪诸公游花田》四首，句有『瑞叶嘉禾亦旅生，琼田十顷足丰盈』，其下自注云：『土人卖花所得不减力耕。』❸诗应作于蔡戡嘉泰年间知静州府兼广西经略安抚使任上。花开时节当地固多把它用作簪戴，而素馨同样重要的一个用途则是制香❹，蔡诗『不特炉熏资剩馥，最宜宝髻缀繁英』，即为此而言。南宋程公许《和虞使君撷素馨花遗张立蒸沉香四绝句》其一曰：『平章江浙素馨种，小白花山瓜葛亲。借取水沉薰玉骨，便如屏障唤真真。』又曰：『长讶诗人巧夺胎，天心月胁句中来。更将花谱通香谱，输与博山烘炭煤。』❺『更将花谱通香谱』，最是宋人调香的要紧处，独具特色的龙涎香即由此而来。

周密《武林旧事》卷三记端午故事，曰届时禁中分赐后妃诸阁、大珰近侍诸般节令物事，中有『软香、龙涎佩带』。『软香』，乃和合众香制成的各式佩香或曰香佩，它也常用作扇坠。南宋词人史达祖《菩萨蛮·赋软香》：『广寒夜捣玄霜细。玉龙睡重痴涎坠。斗合一团娇。偎人暖欲消。／心情虽软弱，也要人挦搦。宝扇莫惊秋，班姬应更愁。』又詹

❶如杜环（《经行记》『大食国』条），段成式（《酉阳杂俎·前集》卷十八），段公路（《北户录》卷三）。最早提到『耶悉茗』亦即茉莉花者，为旧题晋嵇含撰《南方草木状》，然此书实非全部出自晋人之手，因不足为凭，中外学者有关考证文章已有多篇，如马泰来《〈南方草木状〉辨伪》，页四三～五七，《农史研究》第三辑，农业出版社一九八三年。❷高似孙《纬略》卷九『耶悉茗油』条：『耶悉茗花是西国花，色雪白，胡人携至交广之间，家家爱其香气，皆种植之。』素馨的移种或始于南汉。《全芳备祖》前集卷二十五『素馨』条：『《龟山志》：素馨旧名那（耶）悉茗，昔刘王有侍女名素馨，其冢上生此花，因以得名。』刘王即五代十国时割据岭南的南汉王。宋许及之《咏史》：『南汉倾颓宫女亡，风流争睹一花香。香名认取素馨字，玉树琼花一样妆。』《全宋诗》，册四六，页二八四五三。元王恽《秋涧集》卷九《素馨辞》前小序云：『五代汉刘隐女曰素馨，死，其墓生花甚香，因以女名目之。』传说不一，但南汉辖地已植素馨，大约是实。❸《全宋诗》，册四八，页三〇〇六一。❹洪适《番禺调笑·素馨巷》：『轻丝结蕊长盈穗，一片瑞云荣宝髻。水沉为骨麝为衣，（注转下页）

玉《庆清朝慢》所谓『红雨争妍，芳尘生润，将春都揉成泥』，『梅不似，兰不似，风流处，那更著意闻时，蓦地生绡扇底』，都是为软香写照。江苏常州武进村前乡南宋五号墓出土一枚香佩，两厘米厚，直径六厘米，外缘包镶錾花银边，银边一侧结一个小环，小环内贯一个大环以为佩戴❶〔图六—五〕，宋人所谓『软香』，此可当之。墓主人是一位女性。

『龙涎佩带』，也是软香之属。杨皇后《宫词》『角黍冰盘饾饤装，酒阑昌歜泛瑶觞。近臣夸赐金书扇，御侍争传佩带香』，末语所咏即是此物。『佩带』而冠以『龙涎』，原是特地说明它的制作原料中有龙涎一味，或者只是添得依仿龙涎风味的『龙涎香品』，实际上多数情况是取后者，因为真品龙涎不惟价格极昂，且非轻易可得，即便在宫禁它也不是寻常之物，如此情状在宋人笔记中多有记述。南宋顾文荐《负暄杂录》『龙涎香品』条：『向尝叙海南香品矣，近有人问曰，今之龙涎香始于何时，盖前代未尝闻也。惟古诗中有「博山炉中百和香，郁金苏合及都梁」，则古亦有合和成香者。』『绍兴光尧万机之暇，留意香品，合和奇香，号东阁云头。其次则中兴复古，以古腊沉香为本，杂以脑麝、栀花之类，香味氤氲，极有清韵。又有刘贵妃瑶英香，元总管胜古香，韩钤辖正德香，韩御带清观香，陈门司末札片香，皆绍兴、乾淳间一时之盛

剩馥三熏亦名世。』《全宋词》，册二，页一三六九。❺《全宋诗》，册五七，页三五六一九。

❶陈晶等《江苏武进村前南宋墓清理纪要》，页二五七（『包银边香块佩饰』），《考古》一九八六年第三期。今藏常州博物馆，本篇用图为观展所摄。

六—五
香佩
常州武进村前乡南宋五号墓出土

耳。庆元韩平原制阅古堂香，气味不减云头。』顾氏说得不错，合香在南北朝已经很盛行，不过以龙涎入于合香，却是宋代方始流行。龙涎香品，俗又称龙涎花子，《百宝总珍集》卷八『龙涎香』条前面所冠口诀首云『龙涎花子有多般』，即此。口诀之下又曰：『复古、云头、清燕，此三等系高庙、孝宗、光宗在朝合之者。向日杨和王者进御前香花子，上有和王臣名，最好。目今街市上有，今时韩太师府修合阅古龙涎花子，街市亦有假者。』杨和王即杨沂中，南渡大将，绍兴间赐名存中，卒于孝宗乾道二年，追封和王。韩太师即韩侂胄，韩有阅古堂，出自韩府的龙涎花子因此以『阅古』为名。《百宝总珍集》所云『今时』，而以顾文荐『庆元韩平原制阅古堂香』之语相印证，那么便当指宁宗朝的庆元年间。元戚辅之《佩楚轩客谈》谓『浩然斋有古龙涎香，自复古、睿思、东阁、琼英、胜古、清观、清燕，阅古以下，凡数十品』，浩然斋，周密之居也。顾文荐列举的内家香数品，浩然斋中几乎都有收藏。周密的外祖父章良能曾入相，岳丈是杨和王的曾孙，周密晚年依内弟杨大受而久居杭州，写作《癸辛杂识》的癸辛街便是杨和王的瞰碧园一隅，由此可知浩然斋内家香品的收藏或多得自父祖姻戚，《癸辛杂识·后集》中即已明白说道『大臣之家平日必与禁苑通，往往有赐与』，『余妻舍有两朝赐物甚多，亦皆龙凤之物』。《武林旧事》所举端阳赐物中的『龙涎佩带』，想必也是浩然斋藏品的来源之一。居于香品之首的『复古』，原是光尧亦即宋高宗所合之香『中兴复古』。前引出土香佩的武进村前乡南宋墓群，原系两组六座，发掘者推测墓主是官至副相的毗陵公薛极或其亲属❶。同是出自五号墓的另一枚香饼，四点五厘米见方，正面模印『中兴复古』四个字，『中』字的空处一个规整的小圆孔，当是用作穿线佩系，背面一左一右微微隆起蟠屈向上，身姿相对的两条龙❷（图六—六）。香饼与《负暄杂录》中说到的『中兴复古』相合，自然不是凑巧，此物出自禁苑当无疑义，那么可以确认它是龙涎香品之一的『内家香』。『中兴复古』『中兴恢复』，原是南渡后『行在』君臣的情结，在臣，见于诗篇和章奏；在君，也时或纠结于内心，实则却是史论所谓『高宗之朝，有恢复之臣而无恢复之君；孝宗之朝，有恢复之君，而无恢复之臣』，直到宋亡也没有这样的历史机遇。三朝内家香品以『中兴复古』为饰，未知制为佩带是否也有『佩弦』『佩韦』之类的惕厉之意，但无论如何，它总是香史中一件难得的濡染若干历史风云的实证。武进村前乡五号宋墓的女主人若果然是薛极亲眷，那么此枚佩带为宫廷赏赐之物也就顺理成章。珍重随葬，其中必有故事，只是无从唤起伊人于幽冥而叩问因缘，而香史

❶陈晶等《江苏武进村前南宋墓清理纪要》，页二五七，图版八：六，《考古》一九八六年第三期。❷承常州博物馆惠予观摩之便，方得以见得真确。

六一六
内家香
常州武进村前乡
南宋五号墓出土

正面

背面

中这样一件难得的实证，是格外令人珍视了。

出自广州的龙涎香品太著名，被人争相仿制乃情理之常，虽然素馨茉莉并不是到处可以栽培得茂盛而足以成为制香的原料，《扪虱新话》卷十五『近日浙中好事家亦时有茉莉素馨，皆闽商转海而至，然非土地所宜，终亦不盛』是也。《百宝总珍集》卷八『龙涎香』条：『广州心字香子细看验，亦有假者。』这里说的是临安市肆情景。《夷坚志·丁》卷九『许道寿』一则曰：『许道寿者，本建康道士，后还为民，居临安太庙前，以鬻香为业，仿广州造龙涎诸香，虽沉、麝、笺、檀，亦大半作伪。』此正可与《百宝总珍集》所述互证。

不过出自临安的龙涎香品或曰龙涎花子，即如前面举出的东阁云头、中兴复古，却是另外的创造，且同样为人所珍。可与前引诸说互观者尚有宋亡之初八人分题的《天香·宛委山房拟赋龙涎香》八阕。此中本来别有寄托，但故国之思的悲慨以咏物出之，上半阕的赋笔为龙涎写照，仍多有摹写的真切。如李彭老所作：『捣麝成尘，薰薇注露，风酣百和花气。品重云头，叶翻蕉样，共说内家新制。波浮海沫，谁唤觉、鲛人春睡。清润俱饶片脑，芬馡半是沉水。』❶云头，东阁云头也，因此说它『内家新制』。配方仍是沉水、龙脑、麝香、蔷薇水或蔷薇水的代

❶《全宋词》，册四，页二九七二。

用品——『薰薇注露』，原可泛指蒸花。同题他人之作中的『红薇染露』❶，『蕤英嫩压拖水』❷，也都是同样的意思。可知所谓『龙涎』，其实只是一个好名字，词人固借它抒感，而南宋时候的平常日用中，它多半是指合香中的一种，不过为人珍爱的一品好香而已，与龙涎真品自然是无干，即与出自广州的心字龙涎亦非一事。曾丰《除日送龙涎香与宋评事二首》之一：『除夕风霜节，家人锦绮筵。舌头余风髓，鼻观欠龙涎。玉饼聊分饷，金炉试一燃。更将国香匹，何似海南烟。』❸李昂英《渔家傲》：『重著夹罗犹怯冷。隔帘拜祝团圆镜。取片龙涎安古鼎。香阁静，横窗写出梅花影。』❹所云龙涎，皆指龙涎香饼。

当然最好的一例是杨万里《烧香七言》，咏『古龙涎』而涉及宋代香事中诸多的琐细微末，且好更在于用诗语揭出它的香韵三昧。

琢瓷作鼎碧于水，削银为叶轻如纸。不文不武火力匀，闭阁下帘风不起。诗人自炷古龙涎，但令有香不见烟。素馨忽开抹利拆，低处龙麝和沉檀。平生饱识山林味，不奈此香殊娬媚。呼儿急取烝木犀，却作书生真富贵❺。

❶周密，《全宋词》，册五，页三二八七。❷唐艺孙，《全宋词》，册五，页三四二四。❸《全宋诗》，册四八，页三〇二三二。❹《全宋词》，册四，页二八七三。❺《全宋诗》，册四二，页二六一八一。

『琢瓷作鼎碧于水』，即龙泉青瓷制就仿古样式的小香炉。『削银为叶轻如纸』，则用作隔火的银叶。『不文不武火力匀』，便是半埋香炭于灰中，放翁诗『香岫火深生细霭』❶，陈深《西江月·制香》『银叶初温火缓，金猊静袅烟微』❷，都是它合式的注脚。《陈氏香谱》卷一『焚香』条：『焚香必于深房曲室，矮卓置炉与人膝平，火上设银叶，或云母制如盘形，以之衬香，香不及火，自然舒慢无烟燥气。』此所以曰『闭阁下帘风不起』也，放翁也因此写出他的名句『重帘不卷留香久，古砚微凹聚墨多』❸。《楞严经》卷七：『香炉纯烧沉水，无令见火。』此可以算作『但令有香不见烟』的出典，不过这本来也是焚香而品其韵的要领。『素馨忽开抹利拆，低处龙麝和沉檀』，若为香韵作谱而成其三部。素馨抹利可以是实指，但泛指花香用在『古龙涎』似乎更为合式。总之它是香饼中挥发性最高的成分，因此最先发散且香气是清亮和高扬，说它是高音之部大抵不错，『忽开』二字正是体味得亲切。水沉与白檀香是香饼制作的主要成分，论香气的品质则是含蓄、浅幽，谓之低音可也。麝香龙脑，定香与聚香也，调和高低而成就香气的余韵悠长，『低处』云云，确是品香的真知。『呼儿急取烝木犀』，《墨庄漫录》卷八『木犀花』条：『近人采花蕊以薰蒸诸香，殊有典刑，山僧以花半开香正浓时就枝

❶《题斋壁》，《全宋诗》，册四〇，页二四八七三。❷《全宋词》，册五，页三五三二。
❸《书室明暖，终日婆娑其间，倦则扶杖至小园，戏作长句》，《全宋诗》，册四〇，页二四八八二。

头采撷取之，以女真树子俗呼冬青者，捣裂其汁，微用拌其花，入有油磁瓶中，以厚纸幂之。至无花时于密室中取置盘中，其香裛裛中人如秋开时。』即此『忝木犀』也。朱翌诗《王令收桂花，蜜渍坎地瘗三月，启之如新》，所谓『虚堂习新观，博山为频启。初从鼻端参，忽置秋色里』❶，亦与此同。

总之，宋人艳称的『龙涎香品』或曰『古龙涎』，其实乃水沉为本，杂以脑麝香花而制成的合香。合香之法原随佛教东传而来，至于两宋，其法已完全本土化。本草学的发展此际达到一个高潮，园艺学的发达也可谓空前。芍药、牡丹、梅、菊、兰等各有专谱，传统植物的研究自不待言，对许多外来植物也早有了很确切的认识。博物，多识，格物的空气里，『更将花谱通香谱』，乃是必然，这本来也是宋代合香的重要特色之一。借用诚斋诗句来为之品题，则『东风染得千红紫，曾有西风半点香』也❷，如果把这『西风半点』比作西来的树脂香料，那么它原是合香中的点睛之笔，而『东风染得千红紫』则使得中西合璧的合香香韵格外悠长。

❶ 《全宋诗》，册三三，页二〇八一一。

❷ 《木犀二绝句》，《全宋诗》，册四二，页二六〇六四。

琉璃瓶和蔷薇水

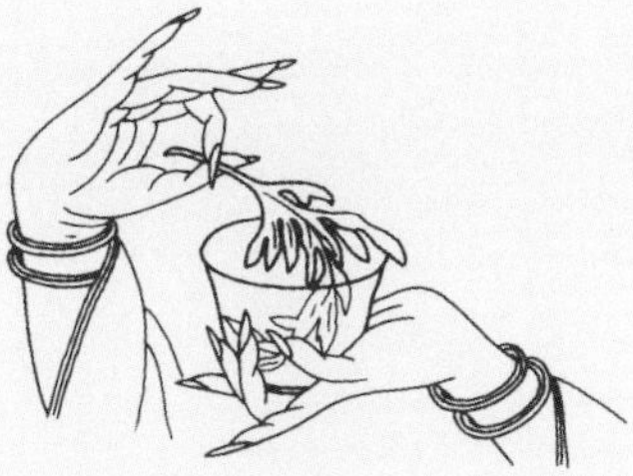

北宋张耒有一首《琉璃瓶歌赠晁二》：

火维荒茫地轴倾，下有积水潜鲲鲸。鳌身翻澜山为崩，金乌下啄狞龙腾。狂鬣奇鬣万族朋，巨神日月双手擎。夸娥愁思乌戢翎，老鱼战死风雨腥。长彗下扫千里惊，浅洲一席块为城。蛮儿夷女奇弁缨，大舶映天日百程，怒帆吼风战飞鹏。舟中之人怪眉睛，兽肌鸟舌髻翘撑。万金明珠络如绳，白衣夜明非缟缯。以有易无百货倾，室中开橐光出楹。非石非玉色绀青，昆吾宝铁雕春冰。表里洞彻中虚明，宛然而深是为瓶。補陀真人一铢衣，攀膝燕坐花雨飞。兜罗宝手亲挈携，杨枝取露救渴饥。海师跪请颡有胝，番禺宝市无光辉。流传人间入吾手，包以百袭吴绵厚，择人而归今子授。烂然光辉子文章，清明无垢君肺肠。比君之德君勿忘，与君同升白玉堂[1]。

文潜诗本来以简淡平易为特色，间或有清隽疏秀者，也不脱质朴。但此诗却风格特异，光怪陆离倒好像李长吉。大约这一件琉璃瓶的确来历不凡，持之以赠同门晁补之，又更多一点儿感情色彩。不过细绎诗意，缤纷的文字之下，依然是写实。比如起首数句虽然一片险怪奇异，但描述的却是一个真实的故事，即造物在海陆之交建起一座城，于是有『蛮儿夷女』生长于斯，于是大舶扬帆，载百货，至番禺，为商贾。『補陀』

[1] 北京大学古文献研究所《全宋诗》，册二〇，页一三〇三四，北京大学出版社一九九五年。

即普陀，『兜罗』，兜罗绵也，此形容持瓶之手，设想琉璃瓶曾是观音手中的杨枝瓶。『昆吾宝铁』指刀，『雕春冰』，形容琉璃瓶以刻花为装饰；『包以百袭』云云，见其薄也，『非石非玉色绀青』，『表里洞彻中虚明』，则其质莹澈而微泛天青。虽然古诗文说到『琉璃』处未必皆指玻璃，但这一首诗中的琉璃为玻璃，却无疑问。据诗中的形容，可知这是一件来自大食国的伊斯兰玻璃瓶。

阿拉伯世界在两宋之际与中国交往甚密，由史籍所见，可知大食商人的势力乃居蕃商之首。交通之路线，则与此前经由西北的陆路即所谓『丝绸之路』不同，此际多改道南部海路。因西北之路先后为辽、西夏、金所阻，商贸不易，而东南沿海地区则长期以来相对平稳。蔡絛《铁围山丛谈》卷五：『国朝西北有二敌，南有交趾，故九夷八蛮，罕所通道。太宗时，灵武受围，因诏西域若大食诸使，是后可由海道来。』『灵武受围』，指太宗时西夏数攻灵州，灵州后属西夏，时在宋真宗咸平五年。文潜诗『大舶』云云，『番禺』云云，均为实录。辽宋墓葬与寺塔地宫都曾发现过伊斯兰玻璃器，其中也有数量不算太少的玻璃瓶❶。北宋太平兴国二年封藏的河北定州静志寺塔基地宫出土一件高颈折肩磨花玻璃瓶，高九点八厘米，淡蓝透明，平底，折肩，瓶颈与腹与底均以

❶安家瑶《中国的早期玻璃器皿》，页四一二～四四七，《考古学报》一九八四年第四期。本篇所述玻璃器制作工艺与成分均据此文。

磨花的手法装饰几何花纹[1]〔图七一—一：一〕，它与发现于印尼井里汶沉船中的玻璃瓶几乎完全相同[2]〔图七一—一：二〕，沉船的时代在五代至宋初。安徽无为中学内北宋塔基地宫也出土式样相同的一件[3]〔图七一—一：三〕，同出有景祐三年（一〇三六）写经。三例皆为伊斯兰玻璃瓶中常见的样式之一[4]〔图七一—一：四〕。此外有天津蓟县独乐寺塔基出土之例，高二十四点六厘米，也是折肩、平底、细高颈，平口外翻，瓶颈与肩磨刻几何花纹[5]〔图七一—二：一〕。经化学检测，知道它属钠钙玻璃，与一般伊斯兰玻璃的成分相似，其式样也与同时代的伊斯兰玻璃瓶一致。塔内同出有辽清宁四年纪年的舍利函。他如内蒙古奈曼旗辽陈国公主墓[6]〔图七一—二：二〕，又南京市北宋大中祥符四年长干寺塔[7]〔图七一—二：三〕、浙江瑞安北宋慧光塔[8]〔图七一—二：四〕，均出土了形制近似的伊斯兰玻璃瓶，也都是可以知道年代的实例。张耒诗所咏大食琉璃瓶，在辽宋遗物中得到印证，千年以前曾令『番禺宝市无光辉』的琉璃瓶，果然玲珑晶莹。

中土的玻璃制作虽起始很早，但同瓷器等相比，却始终称不上发达，玻璃器在生活中便不是很常见，舶来品自然更不易得，诗所谓『择人而归』，是不轻相赠与也，也可见其珍罕。玻璃瓶常见于佛事，多用来珍重置放佛舍利。不过此类很少见诸吟咏。唐宋诗歌或提到玻璃瓶用作盛

[1] 安家瑶《中国的早期玻璃器皿》：『刻花和磨花实际上是相同的玻璃冷加工方法，只不过刻花用直径较小的砂轮，形成的图案线条较细深，磨花用的砂轮直径较大，多形成平面，凹面。』页四二一。器藏定州博物馆，本篇用图为参观所摄。[2] 此系赴印尼考察所见，本篇用图为私人提供。[3]《无产阶级文化大革命期间出土文物展览简介》，页七七，图九，《文物》一九七二年第一期。今藏安徽博物院，本篇用图为参观所摄。[4] 拉巴哈出土，七至十世纪物，本篇用图为观展所摄。[5] 今藏天津博物馆，本篇用图为观展所摄。[6] 内蒙古自治区文物考古研究所《辽陈国公主墓》，彩版一四：二，文物出版社一九九三年。本篇用图为观展所摄。[7] 今藏南京市博物馆，本篇用图为观展所摄。[8] 瓶高九厘米。按慧光塔兴建于北宋景祐元年（一〇三四），成于庆历三年（一〇四三）。浙江省博物馆《浙江瑞安北宋慧光塔出土文物》，《文物》一九七三年第一期。器藏浙江省博物馆，本篇用图为参观所摄。

七一：一
高颈折肩玻璃瓶
河北定州静志寺塔基出土

七一：二
高颈折肩琉璃瓶
井里汶沉船遗物

七一：三
高颈折肩玻璃瓶
安徽无为中学北宋塔基出土

七一：四
伊斯兰玻璃瓶
沙特国家博物馆藏

七—二：一 细颈盘口玻璃瓶
天津蓟县独乐寺塔基出土

七—二：二 细颈盘口玻璃瓶
辽陈国公主墓出土

七—二：三 细颈盘口玻璃瓶
南京长干寺塔基出土

七—二：四 细颈盘口玻璃瓶
浙江瑞安慧光塔出土

酒，如北宋孔平仲《海南碧琉璃瓶》：『手持苍翠玉，终日看无足。秋天长在眼，春水忽盈掬。莹然无尘埃，可以清心曲。有酒自此倾，金樽莫相渎。』[1]诗歌也偶言用玻璃瓶来观赏游鱼。五代徐夤《郡侯坐上观琉璃瓶中游鱼》，句有『宝器一泓银汉水，锦鳞才动即先知。似涵明月波宁隔，欲上轻冰律未移。薄雾罩来分咫尺，碧绡笼处较毫厘』[2]；南宋吴芾则有诗题为『偶得数琉璃瓶置窗几间，因取小鱼漾其中，乃见其浮游自适感而有作』[3]。不过此玻璃瓶，很有可能是一种桶形杯。陕西扶风法门寺地宫、河北定州静志寺塔基地宫均出土此式玻璃器[4]〔图七—二：一～三〕。出自静志寺者，为一大一小，小者浅色无纹，大者色碧，有简单的竖线磨纹，而地宫中发现的大中十二年《唐定州静志寺重葬真身记》中则说到，大中二年发旧塔基时所得有『瑠璃缾二，小白，大碧，两瓶相盛，水色凝结』〔图七—四〕，可知两件玻璃杯，当日乃称作『缾』（瓶）。在出自宋人之手的一轴《观音图》中，可以见到与之相近的杨枝瓶[5]〔图七—五〕。『兜罗宝手亲挈携，杨枝取露救渴饥』，琉璃瓶歌本来有着想象的依据。

桶形杯式玻璃瓶、高颈折肩玻璃瓶、细颈折肩盘口玻璃瓶，都是七至十世纪伊斯兰玻璃器中的流行式样，《波斯的玻璃》一书中著录的一

[1]《全宋诗》，册一六，页一〇八七三。[2]李调元《全五代诗》，页一六七〇，巴蜀书社一九九二年。[3]《全宋诗》，册三五，页二一九三二。[4]例一今藏法门寺博物馆，例二今藏定州博物馆，本篇用图均为参观所摄。[5]台北故宫博物院藏，《故宫宝笈·名画》（二），图七五，台北故宫博物院一九八五年。

七—三：一
杯式玻璃瓶
法门寺地宫出土

七—三：三
杯式玻璃瓶（大）
静志寺塔基出土

七—三：二
杯式玻璃瓶（小）
静志寺塔基出土

七—四
《唐定州静志寺重葬真身记》（局部）

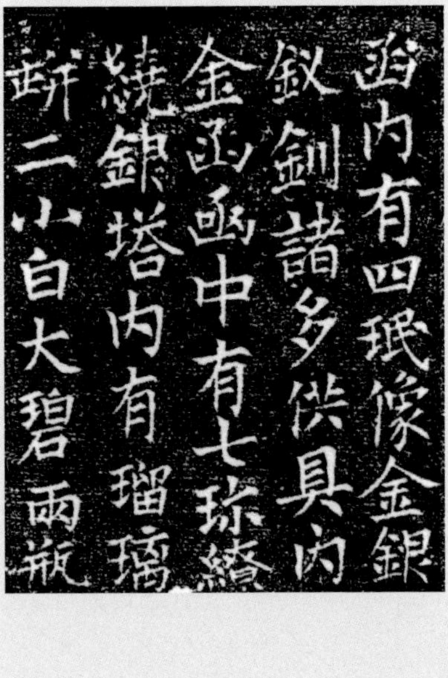

函内有四珉像金銀
釵釧諸多供具內
金函函中有七珎繢
繞銀塔內有瑠璃
缾二小白大碧兩瓶

七—五
宋人《观音图》中的杨枝瓶（摹本）

七—六：一
伊斯兰玻璃器
伊朗喀尔干出土

七—六：二
伊斯兰玻璃器
拉巴哈出土

件，可作比照❶〔图七一六：一〕，而同类实物数量不少❷〔图七一六：二〕。中土发见的细颈刻花或磨花伊斯兰玻璃瓶，即如前面举出的几例，在它的本土原有专门用途，即盛放蔷薇水。出自埃及福斯塔特遗址的一件细颈刻花伊斯兰玻璃瓶，高十八厘米，为九至十世纪之物，此器日人由水常雄著录在所编《世界玻璃美术全集》中❸，而在作者的另一本书《香水瓶》里，则明确指出此为蔷薇水瓶❹〔图七一七〕。又安徽无为中学北宋塔基出土的高颈磨花玻璃瓶，也著录在前举《世界玻璃美术全集》中，作者推测其亦为蔷薇水瓶，而由大食输入中国❺。河南巩义北宋皇陵的陵前多塑有客使雕像，客使手中通常捧着各式贡品。宋仁宗永昭陵陵前一尊客使像手捧一个高颈圆腹瓶，瓶的式样与定州和无为出土的玻璃瓶几乎完全相同❻〔图七一八〕，如果说这是盛着蔷薇水的琉璃瓶，应没有太多的疑问。

七一七
伊斯兰玻璃瓶
埃及福斯塔特遗址出土

❶日本京都私人收藏，深井晋司等《ペルシアのガラス》，图六〇，淡交社一九七三年。❷拉巴哈出土，七至十世纪物，本篇用图为观展所摄。❸今藏日本早稻田大学，由水常雄《世界ガラス美术全集·一》，图二〇八，求龙堂一九九二年。❹由水常雄《香水瓶 古代からアール・テコ、モードの时代まで》，页三一，图四七，二玄社一九九五年。❺《世界ガラス美术全集·四》，图六七；又《ガラスと文化 その東西交流》，页一六三～一六四。❻本篇用图为实地考察所摄。

七—八
永昭陵陵前客使像

蔷薇水与琉璃瓶，同时出现在五代，《册府元龟》卷九七二：周世宗显德五年九月，『占城国王释利因德漫遣其臣萧诃散等来贡方物，中有洒衣蔷薇水一十五琉璃瓶，言出自西域，凡鲜华之衣以此水洒之，则不黦，而复郁烈之香连岁不歇』。至于两宋，文献与诗歌作品中，蔷薇水与琉璃瓶均屡见不鲜。《宋史·外国》与《宋会要·蕃夷》之部多有蔷薇水入贡的记载，前者是大食以蔷薇水贡献宋廷的纪录，后者所录除来自大食外，尚有占城、注辇国等贡来者[1]，诸国皆地处大食与中土往来的海道，与五代时相同，入贡的琉璃瓶和蔷薇水，其产地仍属大食。原本用作盛放蔷薇水的伊斯兰玻璃瓶发现于辽宋遗址，与文献的记载正相符合。

[1]《宋会要辑稿》云：淳化五年十二月四日，占城国王遣使来贡诸珍物，中有蔷薇水（第八册，页七八四五）；熙宁五年四月五日，大食勿巡国遣使贡琉璃水精器、蔷薇水等（页七八五五）；又熙宁十年六月七日，注辇国蕃王遣使贡诸珍物，中有琉璃器、蔷薇水（页七八五六）；绍兴二十六年十二月二十五日，三佛齐进奉使到阙朝见，贡物中有琉璃三十九事，蔷薇水一百六十八斤（页七八六三）；淳熙五年正月六日，三佛齐国进表贡珍物，中有琉璃一百八十九事，蔷薇水三十九斤（页七八六七）。三佛齐在今苏门答腊岛东南部，《岭外代答》卷二《外国门上》：『三佛齐国，在南海之中，诸蕃水道之要冲也，东自阇婆诸国，西自大食、故临诸国，无不由其境而入中国者。』注辇国为南印度之古国，地在今印度科罗曼德尔海岸。

释典称香水为阏伽水，『本尊等现前加被时，即应当稽首作礼奉阏伽水，此即香花之水』（《大毘卢遮那成佛经》），『由献阏伽香水故，行者获得三业清净，洗涤烦恼垢』（《观自在菩萨如意轮念诵仪轨》）[1]，是供佛原为香水的一大用途，只是塔基中发现的蔷薇水瓶内中未必都是香水，出自瑞安慧光塔的玻璃瓶出土时里面盛着细珠，是用作舍利容器。其实来自殊方的蔷薇水瓶本身就是珍异之物，自可用来奉佛。

当然蔷薇水原也为世间所爱，它更是女子妆奁具中的尤物。张元干《浣溪沙·蔷薇水》：『月转花枝清影疏，露华浓处滴真珠。天香遗恨罥花鬚。／沐出乌云多态度，晕成娥绿费工夫。归时分付与妆梳。』[2]只是词中未言蔷薇水置于何器。周必大淳熙元年致刘焞书中提到以『海南蓬莱香十两、蔷薇水一瓶』为赠[3]，董嗣杲《蔷薇花》诗云『海外有瓶还贮水，亭前无洞可藏花』[4]，而虞俦《广东漕王侨卿寄蔷薇露因用韵》二首则描写最清楚，诗曰：『薰炉斗帐自温温，露挹蔷薇岭外村。气韵更如沉水润，风流不带海岚昏。』（其一）『美人晓镜玉妆台，仙掌承来傅粉腮。莹彻琉璃瓶外影，闻香不待蜡封开。』（其二）[5]蔷薇露，两宋亦或指酒，如杨伯嵒《踏莎行·雪中疏寮借阁帖，更以薇露送之》，此『薇露』，即指『重酿宫醪』[6]。不过虞诗所云，则『香水』无疑。王侨卿，即王

[1]《大正藏》，第三十九卷，页七〇〇；第二十卷，页二〇五。[2]《全宋词》，册二，页一〇八五。[3]《文忠集》卷一九〇。[4]《全宋诗》，册六八，页四二七一七。[5]《全宋诗》，册四六，页二八五八八。[6]《全宋词》，册四，页二九六八。

东里，侨卿为其字。漕，路转运使之简称，职掌一路利权。蔷薇水大约曾经有过香满五羊的一时之盛，北宋郭祥正因有诗云『番禺二月尾，落花已无春。唯有蔷薇水，衣襟四时薰』❶。颖叔，即蒋之奇。徐积闻蒋颖叔得广帅，曰『广为雄蕃』，『初至，蛮酋必以琉璃瓶注蔷薇水挥洒于太守』❷，可见时风。侨卿持赠虞俦的蔷薇露，当来自大食，故『莹彻琉璃瓶外影，闻香不待蜡封开』，《铁围山丛谈》卷五所谓『大食国蔷薇水虽贮琉璃缶中，蜡密封其外，然香犹透彻，闻数十步，洒著人衣袂，经十数日不歇也』❸。又《百宝总珍集》卷八『蔷薇水』条，其前歌谣曰：『泉客贩到蔷薇露，琉璃瓶贮喷鼻香。贵人多作刷头水，修合龙涎分外馨。』下云：『此水出南番国，如采于早辰蔷薇花上取之，露水多用葫芦盛贮，到此用琉璃瓶儿盛卖，每瓶直百三十钱。以上更看临时商量何如。福州王承务亦有蔷薇花蒸造假者。殿阁贵人多作刷头水及修合龙涎花子、数珠、背带之属。』辽陈国公主墓所出伊斯兰玻璃瓶，正是蔷薇水瓶的式样，而辽与大食，本也频繁往来❹。只是公主墓的玻璃瓶若用作盛放蔷薇水，似乎尺寸稍大。正如辽宁北票冯素弗墓出土的鸭形玻璃注❺〔图七—九：一〕，其成分为钠钙玻璃，乃无模自由吹制成型，与罗马玻璃制品很是一致〔图七—九：二〕，研究者因把它归入罗马玻璃器❻。而

❶《颖叔招饮吴圃》，《全宋诗》，册一三，页八八七三。❷《节孝集》卷三十一。❸刘克庄《宫词》因有旖旎凄楚的拟喻之辞『旧恩恰似蔷薇水，滴在罗衣到死香』（《全宋诗》，册五八，页三六一四七）。❹马文宽《辽墓辽塔出土的伊斯兰玻璃——兼谈辽与伊斯兰世界的关系》，页七三八～七四一，《考古》一九九四年第八期。❺今藏辽宁省博物馆，本篇用图为参观所摄。❻《中国的早期玻璃器皿》，页四一七。

七—九：一
鸭形玻璃注
辽宁北票北燕冯素弗墓出土

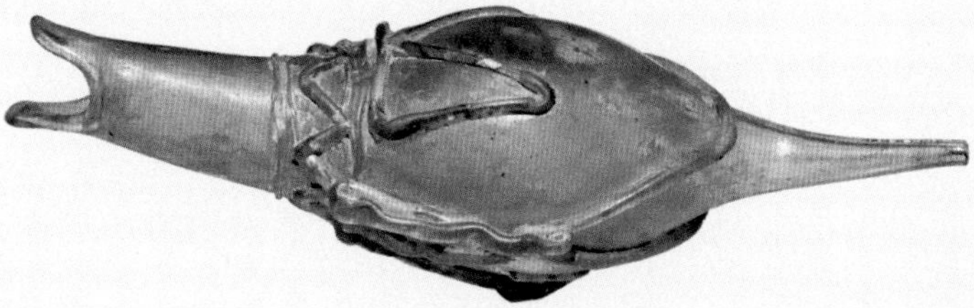

七—九：二
罗马香油瓶

罗马用作盛香油的玻璃瓶正有如此样式，惟冯素弗墓所出者长二十多厘米❶，是否也作同样的用途，尚不好判定。

蔷薇水的中土之旅，以融入时人的生活而又增添了新的故事。由虞诗中的第一首，可知调香也是蔷薇水的功用之一。宋陈敬《香谱》所列香方，便屡屡言及蔷薇水。如『李王花浸沉』：『沉香不拘多少，剉碎，取有香花蒸，荼蘼、木犀、橘花或橘叶，亦可福建茉莉花之类，带露水摘花一碗，以瓷盒盛之，纸盖入甑蒸食顷，取出，去花留汗，汁浸沉香，日中暴干，如是者三，以沉香透润为度。或云皆不若蔷薇水浸之最妙。』这里所说的蒸花取汁，其汁，便是香水。来自海外的蔷薇水究竟数量有限，于是有了很多代用品，『李王花浸沉』的用茉莉，即代用之方❷。杨万里《和仲良分送柚花沉三首》『薰然真腊水沉片，烝以洞庭春雪花』，『锯沉百叠糁琼英，一日三薰更九烝』❸，与陈氏《香谱》所述正是一事，只不过茉莉换作柚花。杨氏又有《和张功父送黄蔷薇并酒之韵》一诗，句有『海外蔷薇水，中州未得方。旋偷金掌露，浅染玉罗裳』❹。此虽比喻之辞以咏黄蔷薇，但『海外蔷薇水，中州未得方』，却是实情，《铁围山丛谈》卷五亦称『旧说蔷薇水乃外国采蔷薇花上露水，殆不然。实用白金为甑，采蔷薇花蒸气成水，则屡采屡蒸，积而为香，此所以不败。但异

❶《香水瓶》中举出形制完全相同的一件罗马香油瓶，长仅五点八厘米（页二四，图三七）。❷此法宋代大概很流行，《全芳备祖》前集卷十七『蔷薇』条引《香录》云：『蔷薇，红色，大食国花露也。五代时藩使蒲河散以十五瓶效贡，厥后罕有至者。今则采茉莉为之，然其水多伪。试之，当用琉璃瓶盛之，翻摇数四，其泡周上下为真。』❸《全宋诗》，册四二，页二六〇七五。
❹《全宋诗》，册四二，页二六三九三。

域蔷薇花气馨烈非常』，『至五羊效外国造香，则不能得蔷薇，第取素馨、茉莉花为之，亦足袭人鼻观，但视大食国真蔷薇水，犹奴尔』。不过中土的制香之法，实已包含了制作『香水』的蒸馏技术，陈氏《香谱》中的『李王花浸沉』是其例，而宋张世南《游宦纪闻》卷五中更有一则很是详细的纪录：『永嘉之柑为天下冠，有一种名「朱栾」，花比柑橘，其香绝胜。以笺香或降真香作片，锡为小甑，实花一重，香骨一重，常使花多于香。窍甑之傍，以泄汗液，以器贮之，毕，则彻甑去花，以液渍香，明日再蒸，凡三四易，花暴干，置磁器中密封，其香最佳。』❶此虽言制香，但其中提到的蒸花取液的蒸馏术，与大食国蔷薇水的制法，似无不同，大约如蔡絛所说，只是以作为原料的香花有异，而其香终不及。

元代仍有西来的琉璃瓶和蔷薇水，且不时传送着中西交流的消息。吴莱《娄约禅师玻瓈瓶子歌秋晚寄一公》『玻瓈瓶子西国来，颜色绀碧量容杯』❷；又于伯渊（仙吕）《点绛唇》『胭脂蜡红腻锦犀盒，蔷薇露滴注玻璃瓮。端详了艳质，出落着春工』❸，则妆具中物；张昱《次林叔大都事韵四首》『无端收得番罗帕，彻夜蔷薇露水香』❹，依然舶来品也。不过新疆若羌瓦石峡宋元时期玻璃作坊遗址出土的几件高颈凹底玻璃瓶，淡绿色，半透明，高十七厘米❺〔图七一一〇〕，所取式样仍与大食蔷薇水瓶

❶古人制作香水也用着同样的方法，明《墨娥小录》卷十二『取百花香水』：『采百花头，满甑装之，上以盆合盖，周回络以竹筒半破，就取蒸下倒流香水贮用，为之花香，此乃广南真法，极妙。』宋人则是把蒸馏香水与熏制香料和为一事。❷《渊颖集》卷四。❸王文才《元曲纪事》，页一三三，人民文学出版社一九八五年。❹顾嗣立《元诗选·初集》，下册，页二〇八二，中华书局一九八七年。❺新疆维吾尔自治区文物事业管理局等《新疆文物古迹大观》，图四三，新疆摄影出版社一九九九年。

近似，恐怕也以盛放香水为宜。而此际新疆地区或亦能制作瓶装的蔷薇水，其影响当直接来自中亚，丝路的重新开通，本提供了这样的条件。

明代亦然。陈诚通使哈烈，在《西域番国志》中记其所见云：『予于丁酉夏四月初复至哈烈，值蔷薇盛开，富家巨室植皆塞道，花色鲜红，香气甚重，采置几席，其香稍衰，则收拾顛炉甑间，如作烧酒之制，蒸出花汁，滴下成水，以瓷瓯贮之，故可多得。以浥酒酱（浆），以洒衣服，香气经久不散，故凡合香品，得此最为奇妙也。』《西域番国志》成书于永乐年间。哈烈，即今阿富汗西部之赫拉特。明代又或称蔷薇水为古刺水，《天水冰山录》有『洪熙年古喇水二罐，宣德年古喇水二罐』，古刺水或古喇水都是蔷薇水的波斯文对音。关于古刺水，马坚先生曾有专文论及，见郭沫若《读随园诗话札记》之《附录》❶。明张凤翼《窃符记》第二出：〔末扮内官捧瓶上〕，『颜恩奉如姬命，送蔷薇露与夫人』；〔旦起立接科〕，『冰洁，似仙掌露华莹澈，泻金盆不羡，兰膏飞沫。清冽，这鼻观氤氲，胜百和炉中香夜爇』❷。这一瓶蔷薇露出自宫中，似暗示其非寻常之物。明蒋之翘《天启宫词》亦有『蔷薇露噀熨宵衣』之句❸，两事均在明末。蔷薇水的郁烈之香，依然不绝如缕。

至于清，『蔷薇水』之名反而鲜见，而多以古刺水为称，如清唐宇

❶郭沫若《读随园诗话札记·附录》，作家出版社一九六二年。❷《张凤翼戏曲集》，页二四七，中华书局一九九四年。❸《明宫词》，页四九，北京古籍出版社一九八七年。

七—一〇 宋元时代的玻璃瓶
新疆若羌瓦石峡玻璃作坊遗址出土

昭《拟故宫词四十首》之一：『香汤百种早澄清，任取金盆渐次倾。闻得内家刚浴起，一杯古刺水先呈。』❶其时自制的各种香水大约已有不少，而蔷薇仍是原料中的上选。李渔《闲情偶记》卷三『薰陶』条：『富贵之家，则需花露。花露者，摘取花瓣入甑，酝酿而成者也。蔷薇最上，群花次之。然用不须多，每于盥浴之后，挹取数匙入掌，拭体拍面而匀之。此香此味，妙在似花非花，是露非露，有其芬芳，而无其气息，是以为佳，不似他种香气，或速或沉，是兰是桂，一嗅即知者也。』

顺便说到，清代又有一种蒸花为露且同样以『花露』为名者，乃口服之饮料。顾禄《桐桥倚棹录》卷十『市廛』类『花露』条所谓『花露以沙甑蒸者为贵，吴市多以锡甑，虎邱仰苏楼静月轩多释氏制卖，驰名四远，开瓶香冽，为当世所艳称。其所卖诸露，治肝胃气，则有玫瑰花露；疏肝牙痛，早桂花露；痢疾香肌，茉莉花露；祛惊豁痰，野蔷薇露』云云。苏州织造李煦恭进康熙的果酒诸物中有『桂花露（计一箱）、玫瑰露（计一箱）、蔷薇露（计一箱）』❷，自然都是这一类『花露』。《红楼梦》第六十回中惹动无数纷纭的『玫瑰露』，正是此物。盛放它的容器，是『一个五寸来高的小玻璃瓶』。

❶《明宫词》，页六九。❷故宫博物院明清档案部《李煦奏折》，页二，中华书局一九七六年。

后记（广西师范大学出版社版）

一

『香识』之『识』，可读作『认识』的『识』，即取认知的意思；也可读作『志』，取记住之意。这里的七篇文章，差不多都是写在八年前，当日曾分别刊发于《文物》《文物天地》《中国典籍与文化》等杂志，以后又收入《古诗文名物新证》（紫禁城出版社二〇〇四年）。承姜寻兄雅爱，屡以稿约敦促加盟『煮雨山房』，无以应命，遂将此一组单独抽出，增删补苴，以成主题比较集中的一编。

二

甲申年初冬，完成了《古诗文名物新证》香事一组的写作之后，为了检验自己的考证，在老友李长声先生的帮助下，曾专程往日本参加了一次香道活动。地点是在东京银座的香十，一栋百货商店的高楼里四层之一角。香十是一个有着四百年历史的老店，创业于天正十年（公元一五八二年）。举办香道的地方名作香乐庵，不过是香店一侧用隔断截出来的一个不大的长方间。香席的一端挂着一个行书条幅，上书『时雨洗红叶』，旁边一架纸屏，上面用小纸贴着源氏香图。中间长案是用黑漆小桌拼起来的，此属『立席』，因此有小坐凳，无须跪坐。长案上斜倾着一个细竹编的小篓，里面的红叶一大半泼洒出来。又有一个陶土瓶，里边插着枝叶纤细的一小束野花。香席规定参加者一律正装，穿白袜。除带领我一起去的长声先生之外，清一色的是女子。有两个人穿了和服，此外只有主其事者穿和服，操香事者常服而已。

闻香活动开始之后，第一步是先拿出几具香炉来，灰里已经埋好了烧红的炭。几个人帮忙用香炉把香灰做成一个耸起的山尖，又用香帚把周围掸净。操香事者入位，把香具一一摆放出来，用手巾擦拭，换一次手巾的折叠方式，擦拭一件。然后在香灰顶上放隔火，用香夹把香木片从撞盒式的漆香盒里夹出来，放在做成花形的白色托座上，再置于隔火之上，之后，依次传递，交由参加者闻香识味。每人面前都备好了香炉垫、纸笔垫，左边一人闻过，即把炉放在右边一人的香炉垫上，于是用右手取炉，置于左掌，然后右手拢起来，在拢起处用力闻一次，即把脸转向一边，以便体验其味。接着用右手把香炉半转，再闻一次。如此三复之，即将香炉传给下一人。这时候便可在纸上记下所闻之香的名字。当天的那一组香，总名新云月香。细分则有：夕云，夜云，晓云，月；再细，又有浮云，行云，紫云。先将夕云，夜云，晓云依次闻过，然后又传过一炉，请大家辨别是三『云』中的哪一种，抑或尚未曾出现的『月』。夕云的味道是檀香，很容易辨出，其余均是降真，但品有不同。香道把夕云归入六味中的『酸』，夜云为『苦』，晓云则为『无』。『无』其实就是极为轻淡，与『苦』同源。如此闻香或曰识香三复，然后辨香三复，之后在纸上依次写下辨香之际所闻的四种香名。另有一人在一张纸上写好参加者的名字，与之相应的是正确答案。答对者，在香名的一侧画出红点。第一项和第二项我都答对了。三、四是夜云与晓云之别，亦即苦与无，二者实在相差无几。因为这一次香道以『月』为主题，故每人用作记录辨香结果的小纸一侧都印着一只小兔。

香道中一切用具的秀美精致自不必说（此在香十中均有售），且都有着传统的依据。中土古有品香，《武林旧事》卷十所录《张约斋赏心乐事》中的『十月孟冬』有『诗禅堂试香』一事，即此。日本的香道与此不同，骤雨《由香入道》（《读书》二〇〇七年第一期）一文已经说得很明白，不过焚香方式却没有很大的区别。用具如香炉、香铲、香帚、香箸等，均可见得宋风，而云母制作的隔火，也正是中土自唐以来就有的做法，因此我的验证目的是达到了。顺便想说的是，香事传入东瀛，并被长久保存下来，在现代社会，则以一种类乎所谓『文化产业』的形式使它依然保持着活力（我参加的这种香道，每次收费五千日元），虽然热衷于此的是少数人，而且不知是偶然还是常例，参加者多为女性。

三

六年来，再没有写过有关古代香事的文章，不过访香的兴趣未减，东瀛之行而外，又曾随着朋友往海南、往东莞，访查当代香事的运作。海南之行，一路听买香人和卖香人说沉香。曰好的沉香结香方式有五种：一雷击，二虫吃，三斧口，四锯口，五火烧。虫吃者，因虫口含胶质，形成一种保护膜，封闭油脂，使之不容易挥发。凡打、碰形成的香，闻起来有木味，里边有空洞。火烧形成者，烧死了一层，里边的油便不容易挥发，没有木味，皮长久不烂，里边有油，最香。又云海南产香，分东线西线。西线温度高，东线温度低，海风大，不及西线质量好。且道同样一棵树，东、西两面都受了伤，一面经年承受早晨的阳光，另一边接受西边的阳光，而东边照过来的阳光柔和，光合作用最好，结出来的香有油。诸如此类，颇增见闻。不过也深切感到古今悬隔，环境改易（不论自然还是人文），古今香事已大有不同，比如沉香的品种，比如人们对它的赏鉴品评，更不必说香事之内涵。虽然原初之意在于由访香而以今证古，却因此未敢轻易以当代经验去理解古人的沉香，也因此《香识》的关注点仍是古代，仍是两宋士人生活中与诗词相依偎的一缕香韵，那是现代生活中已经完全消失了的气息。

四

终篇之际，尚不得不对本书文字与时下通例有异的两种处理方式略作说明。

一、关于『身分』一词的用法。《辞源》『身分』条义项之一曰：『人在社会上的地位、资历等统称身分。《宋书·王僧达传》求徐州启：「固宜退省身分，识恩之厚，不知报答，当在何期。」北齐颜之推《颜氏家训·省事》：「吾自南及北，未尝一言与时人论身分也。」」『分』的义项之一，是为职分、名分。而今所通行的『身份』一词，于古无征，且字义不通（『份』读作『fen』时，为数量词）。因此本书取『身分』，而不取『身份』。

二、关于数字的用法。汉语对数字的使用有着自己的传统，而且使用的本身常常就是一种修辞手段，乃至单凭数字无须量词即可完成晓畅的叙事而成就文字之美。诗歌如此，散文如此，古汉语如此，现代汉语也是如此。这一类的例子不胜枚举，可以不论。这里只说近乎纯粹的数字表达。比如约数：长约两米，宽三米余，高五十厘米左右，诸如此类是不可用阿拉伯数字取代的，因为后者在汉语中原是用作表示确切的数字，即如『弟子三千』，不可写作『弟子3000』，『诗三百』，不可写作『诗300』。此外，古书的卷数，十以内的数字，均不宜使用阿拉伯数字，对此前修时贤都发表过很好的意见。本书对阿拉伯数字的使用原则，即是附和这些尊重汉语表达传统的合理主张。然而近一二十年来阿拉伯数字在汉语中的使用不断扩大化，是不是也可以稍稍检讨得失、规范用法呢。

后记（人民美术出版社版）

对两宋香诗与香事的关注，始于十几年前。收在这里的八篇文字，便都是写在本世纪初年，曾分别刊发于几家杂志，以后全部收入《古诗文名物新证》（紫禁城出版社二〇〇四年），再以后又单独抽出成《香识》一小册，另增《后记》一则，交由广西师范大学出版社出版（二〇一一年）。

中土香事原有着久远的传统，一是礼制中的祭祀之用，二是日常生活中的焚香。魏晋南北朝时期随佛教东传的香事之种种，不过是融入本土固有的习俗，而非创立新制。至于两宋香事的兴盛发达，却是与高坐具的成熟密切相关。其时士人的焚香，原是实实在在的日常生活，后世看得是风雅，而在当日，竟可以说风雅处处是平常。元代出现线香，香事里便有了『快餐文化』，不过追求古法与古意的一脉，却始终不曾断绝，直到明清。冒襄《影梅庵忆语》：『近南粤东莞茶园村土人种黄熟，如江南之艺茶，树矮枝繁，其香在根。自吴门解人剔根切白，而香之松朽尽削，油尖铁面尽出。余与姬客半塘时，知金平叔最精于此，重价数购之，块者净润，长曲者如枝如虬，皆就其根之有结处随纹缕出，黄云紫绣，半杂鹧鸪斑，可拭可玩。寒夜小室，玉帏四垂，毾㲪重叠，烧二尺许绛蜡二三枝，陈设参差，堂几错列，大小数宣炉，宿火常热，色如液金粟玉。细拨活灰一寸，灰上隔砂选香蒸之，历半夜，一香凝然，不焦不竭，郁勃氤氲，纯是糖结。热香间有梅英半舒，荷鹅梨蜜脾之气，静参鼻观。忆年来共恋此味此境，恒打晓钟尚未著枕，与姬细想闺怨有斜倚薰篮拨尽寒炉之苦，我两人如在蕊珠众香深处。今人与香气俱散矣，安得返魂一粒，起于幽房扃室中也。』所喜之香以及焚香之种种，依然宋法。而以情事入香事，至香烟一缕随风消散，其事却愈觉刻骨铭心。要之，意趣有之，情味有之，而仪式化的所谓『香道』气息，从来不是中土所有。——甲申年初冬东瀛闻香之际，曾购得一册《香道の歴史事典》（神保博行著，柏书房株式会社二〇〇三年），归来翻阅，于中土香事在东瀛的『由香入道』，方始有一大概了解，那么我在闻香过程中所看到的，正是香事在日本已被完全仪式化了的情状之大略，虽然焚香方式仍存古法。

香料以及香料贸易的话题——食品调料与洁身除秽之香，也都包括在内，在域外并不寂寞，此中所包含的丰富的历史文化信息，是敏感的学者不会轻易放过的。相比之下我们这里就冷清得多，特色独具的香事连同香诗竟被遗忘了好久。当然这是十几年前的情景。只是相对于今日之热闹，仍不能不感慨当日撰写这些文字时的孤寂。此番再次编集，添改稍多，所增补者，主要为近年各地参观考察拍下的实物照片。至于对考证对象的认识，则几乎没有改变。学无寸进，惭惶而已。

癸巳小暑日

新版后记

如果从动笔写作的时间起算，这一束文章到今天经历了差不多二十年。写作前后以及发表情况，前面两则不同版本的后记都已谈到。这一版的修订，主要部分仍是图版的更换与补充，因为这几年各地观展，书里涉及的实物，有了更多的机会亲眼验证。

特别要说到的是与李猛兄的再度合作——当年收入这一组文字的《古诗文名物新证》，装帧设计即出自这一位年轻朋友之手。如今又一次旧貌换新颜，想象着设计者的工作状态或好比赵孟頫《木兰花慢·金炉夜香》中的意象，『更暖炙金匙，寒偎银叶，着意调停』。着意调停，自然包含了对金匙，对银叶，对香事之种种的熟悉和理解，以此完善图像与文字共同构成的历史叙事。一炉香从昔日焚到今，也纪录了如此一番因缘。

而与三联书店更是几十年的旧情，这一次回到故家，从策划人到责编，结识的都是新朋友，但依然是家的感觉。这里仍用得着前引词句——『泛晴烟一缕，渐飞绕，博山情』。

己亥短至

附：初刊之篇名以及期刊号

《莲花香炉和宝子》，《文物》二〇〇二年第二期

《香诗与香事：古器小识》，《文物天地》二〇〇二年第五期

《琉璃瓶与蔷薇水》，《文物天地》二〇〇二年第六期

《印香与印香炉》，《博物苑》二〇〇三年第二期

《从炉顶到帽顶》，《文物天地》二〇〇三年第七期

《两宋香炉源流》，《中国典籍与文化》二〇〇四年第一期

《龙涎真品与龙涎香品》，《文史知识》二〇〇四年第一期

《宋人的沉香》，《文史知识》二〇〇四年第三期、第四期

图书在版编目（CIP）数据

香识 / 扬之水著. -- 北京 : 生活·读书·新知三联书店, 2020.8
ISBN 978-7-108-06875-0

Ⅰ. ①香… Ⅱ. ①扬… Ⅲ. ①香料－文化－中国－古代 Ⅳ. ①TQ65

中国版本图书馆 CIP 数据核字（2020）第 083138 号

香识

选题策划 王博文
责任编辑 赵甲思
出版统筹 姜仕侬
营销编辑 俞方远
装帧设计 气和宇宙
责任印制 卢岳
出版发行 生活·讀書·新知 三联书店
地址 北京市东城区美术馆东街 22 号
邮编 一〇〇〇一〇
网址 www.sdxjpc.com
经销 新华书店
印刷 北京图文天地制版印刷有限公司
版次 二〇二〇年八月北京第一版
二〇二〇年八月北京第一次印刷
开本 十六开 七八七毫米×一〇九二毫米
字数 一三〇千字
印张 十六·五
印数 一—一〇〇〇〇册
定价 八十九元